▲ 1. 茅于轼教授向段绍译颁发亲传弟子证书
◀ 2. 段绍译接受中央电视台专访
◀ 3. 段绍译应邀到全国政协礼堂讲课
◀ 4. 快乐理财游学苑学员在宝峰湖游学
▼ 5. 唐杨松在长沙县政协会议上发言
▼ 6. 唐杨松应邀到湖南农业大学讲学

踏莎行·游学张家界

段绍译

怪石争雄，
奇峰竞秀，
一排御笔云中矗。
土家阿妹舞翩跹，
山歌唱醒花千树。

望月神蟾，
流泉飞瀑，
雄鹰誓把金鞭护。
风光旖旎醉心扉，
边游边学增财富。

特别感谢
为本书提供大力支持的人士

◀ **胡军**

中国百达控股集团董事局主席，共青团贵州省委驻浙江工作委员会副书记，贵州省工商联青年创业导师，宁波市毕节商会执行会长，中纺融资租赁（深圳）有限公司董事长，浙江益众置业发展有限公司董事长，义乌市厚德网络科技有限公司董事长。2016年，以共享经济为依托，创新发展，率先推出"您首付·我月供"的商业服务模式，同年创立天一惠购商城（www.t1hg.com），以"互联网+创新金融+服务平台"的商业模式进军汽车、装修、房产、旅游、大健康五大产业板块。聚焦消费金融、集群消费，助力产业在互联网时代的迭代进化，通过消费金融服务体系，加速资源价值的孵化与兑现。（微信号：a15824501688）

◀ **范爱明**

联合国华人协会国际健康养生委员会外联部主任，资深图书出版人，为知名人士提供图书策划、出版服务。同时身兼北大燕园商学院合伙人、中国招商引资研究院合伙人等。（微信号：13611109723）

◀ **朱莹**

从事新闻事业20年，曾在电视台、报社、杂志社等媒体工作，任《中外名牌》总编、首席记者，《世界佛教文化艺术天地》常务总编、《中国新闻传媒》总策划、华夏东方巨人艺术团副秘书长、中国教育培训协会副会长、华商协会理事、国际易学文化研究会理事。曾荣获传媒突出贡献奖、创新人物奖、优秀儒商奖、最佳新闻媒体策划奖、国际禅道文化金杯奖等，并在上海世博会联合国千年发展目标活动中荣获"慈善和平使者"称号。（微信号：13001067887）

◀ **许爱文**

中国资深营销策划专家，中农联控股有限公司副总经理，北京大地恒业房地产投资顾问有限公司总经理。个人代表作品有《商业地产操盘密码》《商业地产之专业市场开发指南》《绝对快销》，操作过的地产项目有中国第一商城、万达广场、东方银座、百荣商贸城、新发地批发市场、义乌国贸城等。（微信号：xu13910751969）

特别感谢
为本书提供大力支持的人士

◀ **温丕珍**

天津海门建材有限公司经理兼船舶与海洋工程事业部总经理，山西省岚县经济文化发展促进会天津分会会长、高级职业经理、高级企业管理师、高级营销策划师、工程师，有15年中小企业高层管理经验，对团队建设、市场开发和客户维护有独到的成功经验。（微信号：jskfzxwpz）

◀ **李革**

天使投资人，品牌管理师，北京汇金时代建筑工程有限公司总经理，江苏沭阳金派商贸有限公司董事长，宏光烟花爆竹有限公司创始人，铭欧国际美容养生会所董事长，"霸王虞美人"酒类商标持有人，"苏北花卉"花卉类商标持有人。（微信号：13812312829，15911166606）

◀ **王小尤**

国家一级理财规划师（证书编号：1601000012100129），从事金融行业十余年，现为北京铸金集团经理，业务涉及O2O供应链金融、金融深化服务、互联网科技、文化传媒与自媒体运营等，服务范围覆盖全国40多个大中城市。（微信号：15910531126）

◀ **范宇菲**

美人痣全国连锁品牌创始人，北京薏米仁文化有限公司总经理，专注祛痣十余年，拥有众多成功案例；祖传植物秘方、专业祛痣、除疣、净斑，解决皮肤问题。矢志帮助更多爱美人士健康、自信，衷心希望更多人士加入美人痣！（微信号：13381452922）

◀ **王颢燃**

上海晟统文化传播中心董事长，中医养生调理师，卡友汇实操落地讲师，乐友汇发起人，王氏总裁宗亲会发起人。在全国有几百家线下营业厅，为民族品牌厂家提供展示服务。（微信号：O15910541697）

你就是下一个有钱人

「中国致富教父」给你的赚钱智慧

段绍译 唐杨松 ◎ 著

机械工业出版社
CHINA MACHINE PRESS

一个人可以不在乎钱,但必须懂得赚钱的法则;本书不能教人一夜暴富,但能教人持续创富。不懂股票,不敢随便投资,没有房产,没有特长,平凡如"我",能不能变为富人?答案是毫无疑问的:能!本书采用了理念阐述结合案例分析的写作手法,用真实、鲜活、接地气的案例证明:只要把思路打开,绝大多数人都有机会成为有钱人!

本书从靠钱生钱、靠思想赚钱和靠借力赚钱等方面阐述了赚钱的法则和创富的路径,引导普通人实现从温饱到小康、从缺钱到有钱的梦想,掌握真正实用的赚钱技能。

图书在版编目(CIP)数据

你就是下一个有钱人/段绍译,唐杨松著. —北京:机械工业出版社,2016.3(2017.3 重印)
ISBN 978-7-111-53127-2

Ⅰ. ①你… Ⅱ. ①段… ②唐… Ⅲ. ①财务管理–通俗读物 Ⅳ. ①TS976.15-49

中国版本图书馆 CIP 数据核字(2016)第 039875 号

机械工业出版社(北京市百万庄大街22号　邮政编码100037)
策划编辑:雅　倩
责任编辑:孙东健
装帧设计:鹏　博
北京宝昌彩色印刷有限公司印刷
2017 年 3 月第 1 版·第 2 次印刷
170mm×242mm·13.75 印张·198 千字
标准书号:ISBN 978-7-111-53127-2
定价:39.80 元

凡购本书,如有缺页、倒页、脱页,由本社发行部调换

电话服务　　　　　　　　　　　　网络服务
社服务中心:(010)88361066　　　教材网:http://www.cmpedu.com
销售一部:(010)68326294　　　　机工官网:http://www.cmpbook.com
销售二部:(010)88379649　　　　机工官博:http://weibo.com/cmp1952
读者购书热线:(010)88379203　　封面无防伪标均为盗版

序 | Preface

经济学研究资源的优化配置，得到的一个占据主流地位的结论非常"奇怪"：政府不要去管，让市场决定资源的配置。没想到，在实际运行中，人们发现这样做的效果反而是最佳的。关于这方面的研究早已汗牛充栋，不胜枚举。由市场去配置资源，使全社会对资源的利用达到最优，让市场的财富实现极大化，已经成为共识。

由市场自由配置资源是社会财富极大化的方法。然而，如何配置个人资源，使家庭的财富极大化，对这个问题进行研究的人却很少。其实，与社会财富极大化的问题相比较，家庭财富极大化的问题同样很重要。一个家庭会不会合理组合自己拥有的各种资源，使其发挥最大的作用，事关家庭的兴衰。这样重要的问题却很少有人研究，真是一个遗憾。现在，段绍译与唐杨松合写的这本书很好地填补了这个空缺。

家庭致富的道理和社会致富的道理其实是相通的，都是要合理地配置资源，使得"人尽其才，物尽其用"。个人的资源包括拥有的动产和不动产，本人的学历、年龄、相貌、家庭，本人的社会关系、居住地，以及与他人相比的长处和短处等。

如果能把这些条件最优地组合起来，通过创业、入股、借贷及各种适合自己的资产配置手段满足社会的需求，你的财富就能增长。反之，如果错配自己拥有的资源，不管你的资源有多雄厚，财富都会从你的手指缝中溜走。

所以，个人财富增长的道理并不复杂，但是做起来很需要经验，最好是有成功人士给予指导。段绍译从事这方面的工作已有十多年，积累了不少经验，也总结了很多失败的教训。他的不少学员自身条件并不是很好，但段绍译通过指导他们优化自己的资源配置，让他们成功地走上了致富之路。

段绍译结合十几年来的一些经验写成了这本书，取名为《你就是下一个有钱人》，非常贴切。书中有许多创业、致富的实例，都是经验之谈。我认为，本书非常值得希望致富的人一读。

茅于轼
2016 年 4 月 28 日
于北京三里河

自序 | Preface

2006年4月23日，著名经济学家茅于轼教授正式与我签订了《段绍译与茅于轼之间达成的拜师备忘录》，收我为他的亲传弟子，我开始担任茅于轼教授的助理和天则经济研究所盛洪所长的助理，并追随茅教授游学八方。与大师的交往使有过十多年企业经营经历并担任过仲裁委员的我如鱼得水，并在一年之后发现了一条普通百姓的致富之路，因而在2007年11月出版了我的第一本书——《普通百姓致富之路》（本书被广大读者誉为中国版的《富爸爸，穷爸爸》）。

凭借深厚的学术修养和丰富的创富经验，2008年9月，我在长沙岳麓书院创办了长沙快乐理财游学苑，致力于培养轻松愉快就能赚钱的企业老板和理财能手。

长沙快乐理财游学苑创办8年，我采用多年来总结出的一套理论体系，加上24年的投资理财和企业经营管理经验，以游学的方式亲自培养了1000多名弟子，其中有300多弟子从白手起家达到了目前的百万、千万身价。这些弟子遍布全国30多个省、市和自治区，也有来自新加坡、泰国、美国和英国的华人。时至今日，我完整地总结出了一整套把普通百姓培养成百万、千万富翁的经验。我想，又到了将这些内容付诸出版、广为传播的时候了，于是就有了这本《你就是下一个有钱人》。

对于绝大多数人来说，上班不赚钱，赚钱不上班。如果光靠上班就想实现财务自由，那是很困难的。要想实现财富自由，必须掌握一整套的成功方法，并且改变自己的固化思维。基于这一认识，本书重点介绍了成为有钱人的七大方法：①靠钱生钱；②靠思想赚钱；③靠借力赚钱；④大格局才能赚大钱；⑤有企图心和好眼光才能赚大钱；⑥会省钱就等于赚钱；⑦越快乐越容易赚钱。

当然，不管用什么方式去赚钱，都离不开我在给弟子们上课时经常介绍的"稀缺理论"。稀缺理论的核心是：①发现一个相对稀缺的行业，否则一定会"选择不对，干了白费"；②把自己打造成为一个稀缺的人；③把不稀缺的东西配置到稀缺的地方；④跟对人并得到贵人相助。

非常感谢我的恩师茅于轼教授多年的栽培，并为本书浓情作序！今天也是他老人家87周岁的生日，本书的完成也算是给我的恩师送上的一份贺礼吧！

本书的部分内容是亿万富翁唐杨松先生提供的，他曾亲自培养出千万富豪100多名和百万富翁1000多名。唐先生同时也对本书的内容做了必要的修改。在此，向唐先生做出的贡献表示由衷的感谢！

希望本书的读者均能打开创富思路，实现自己的财富梦想，并以力所能及的方式回馈社会，帮助更多人走向成功！

段绍译
2016年1月14日于北京

目录 | Contents

靠钱生钱

- 你是在挣钱,还是在赚钱 / 2
  - 案例 如何在最短的时间内用小钱赚大钱 / 5
- 你赚钱的目的是什么 / 8
  - 案例 售价50元的裤子是怎么卖到净利润52元的 / 10
- 赚钱的三层境界 / 12
  - 案例 85℃凭什么逆袭星巴克 / 15
- 用钱生钱,快过人追钱 / 17
  - 案例 《港囧》幕后:徐峥靠资本运作赚了20亿元 / 19
- 创造持续性收入,实现财务自由 / 21
  - 案例 要工资还是要股权 / 23
- 人无股权不大富 / 24
  - 案例 中国股市第一人:从2万元到2000万元 / 26

靠思想赚钱

◆ 增加产品或服务附加值 / 30

　　[案例] 靠拾破烂成为百万富翁 / 34

◆ 用高价格实现高利润 / 36

　　[案例] 一块石头居然可以卖到 25 万元 / 38

◆ 增加品牌溢价 / 39

　　[案例] 麦当劳为什么不直接降价 / 42

◆ 创造独特卖点 / 43

　　[案例] 这家豆腐店凭什么一年卖 50 亿日元 / 46

◆ 创新商业模式 / 48

　　[案例] 卖报纸的老人凭什么年入 18 万元 / 52

◆ 设计免费模式 / 54

　　[案例] 吃饭不收钱的餐馆竟然月赚百万元 / 57

靠借力赚钱

◆ 用别人的钱赚钱 / 62

◆ "借鸡生蛋"八大技巧 / 65

　　[案例] 普通大学生巧妙借力，轻松年赚 20 多万元 / 69

◆ 没资本就要学会"空手套白狼" / 72

　　[案例] 童装店巧用杠杆借力，稳赚 300 多万元 / 78

◆ 借得越多，赚得越多 / 81

◆ 充分利用负债，会负债让你更有钱 / 83

案例 他是如何卖大闸蟹"期货"的 / 86

买房是"房奴"彰显自我价值的愚蠢手段 / 87

案例 农民工"创客"培养了 20 多位千万富翁 / 97

大格局才能赚大钱

格局够大才能赚大钱 / 100

案例 创业 6 次，成功 6 次！对他来说，赚钱太简单了 / 103

会分钱才能赚大钱 / 108

案例 100 平方米的小饭馆为何能年赚 40 多万元 / 111

眼界决定视野，视野决定成就 / 114

案例 "赔钱"的买卖为何能够赚大钱 / 116

混什么圈子决定你能赚多少钱 / 120

一个人要富，更要贵 / 122

有企图心和好眼光才能赚大钱

穷人表面上缺资金，本质上缺企图心和好眼光 / 126

案例 "90 后"小伙开农家乐年入百万元 / 128

有企图心才有机会成为富人 / 130

企图心和好眼光决定你能否成功 / 132

案例 从"混混儿"到百亿身家：暴风冯鑫的双面人生 / 135

机遇只垂青于有企图心的人 / 140

案例 "80 后"小伙两年半开了 8 家公司，年销售额 7000 万元 / 142

投机与财富的创造 / 144

会省钱就等于赚钱

- 假如有两块面包，你会怎么做 / 150
- 不差钱的"大财神"为什么很小气 / 154
- 节约是事关兴败的大事 / 157
- 节约才能成为永久赢家 / 159
- 节约才能做久、做强 / 162

越快乐越容易赚钱

- 财富不在于你能赚多少钱，而在于你赚的钱能够让你过得多好 / 166
- 别为赚钱而工作，要为快乐而工作 / 169
- 为什么越快乐越容易赚钱 / 172
  - 案例 72岁卖菜大爷年赚20多万元的四大绝招 / 174
- 为什么金钱的增加与快乐不同步 / 176
- 金钱只是工作的一部分 / 179
- 能力比金钱更重要 / 183

游学苑故事

- 我的人生拐点 / 188
- 一位中职教师的华丽转身 / 192
- 从家庭主妇到千万富姐 / 195
- 普通打工者实现财务自由之路 / 199
- 一本书成就的幸福 / 201

附录　段绍译16条投资理财经典语录 / 203

跋　读懂马斯洛，提升幸福感 / 205

靠钱生钱

- 你在是挣钱,还是在赚钱
- 你赚钱的目的是什么
- 赚钱的三层境界
- 用钱生钱,快过人追钱
- 创造持续性收入,实现财务自由
- 人无股权不大富

你是在挣钱，还是在赚钱

挣钱的"挣"字，是"手"字旁加一个"争"字。这表明财富是要脚踏实地、花力气动手才能争取到的，正所谓"劳动创造财富""白手起家"。

赚钱的"赚"字，是"贝"字旁加一个"兼"字。"贝"代表财富和资本，即赚钱一定要先有本钱；"兼"则代表资本运作、兼并重组，运用投资、理财的方式让钱生钱。

挣钱与赚钱，表面上看都是赢取财富的路子，其实是指两种完全不同的路径和模式。

《富爸爸，穷爸爸》的作者罗伯特·清崎把挣钱与赚钱的人又具体分成4种：

第一种人，没钱又没有时间。很多"朝九晚五"的上班族就是这样的人，每天重复同样的事情，工作忙得喘不过气，没有时间，赚钱又少。

有个段子很流行：一个人在公司干了10年，他每天用同样的方法做着同样的工作，每个月都领着同样的薪水。一天，他愤愤不平地要求老板给他加薪。他对老板说："毕竟，我已经有了10年的经验。"老板叹气："你不是有了10年的经验，你是把一个经验用了10年。"第一种人大多是这样的人。

第二种人，自由职业者，如作家、撰稿人、画家、美编、网站设计人员等。他们在自己的指导下找工作做，经常但不是一律在家里工作。自由职业者虽然比上班族自由，但也是干一天才有一天的收入。自由就意味着收入的减少，但是也许一年不开张，开张顶一年。

第三种人，企业所有人。企业有组织、有系统地运作，有团队做事，为他们赚钱，即使不工作，照样有源源不断的收入。

据说，鸿海集团董事长郭台铭有一次在视察自己的工厂时，与鸿海工

程师做了交流。其中就有人当众大声追问郭台铭:"为啥爆肝(我国台湾地区方言,指很辛苦地不断加班或做事)的是我,首富却是你?"

郭台铭说:"我们之间有3个差别。第一,30年前我创建鸿海时,是赌上全部家当,不成功便成仁。而你只是寄出几十份履历表后来鸿海上班,且随时可以走人。咱们的差别在于:我是创业,你是就业。第二,我选择从连接器切入市场,到最后跟苹果合作,是因为我眼光判断正确,而你在哪个部门上班是因为学历和考试成绩被分配的。咱们的差别在于:选择与被选择。第三,我24小时都在思考如何创造利润,每一个决策都可能影响数万个家庭的生计与数十万股民的权益。而你只要想啥时候下班和如何照顾好你的家庭。咱们的差别在于:责任的轻与重。"

第四种人,投资者。用钱生钱,是所有生意的最高境界。

钱放在银行里只会越来越贬值。投资,通俗地讲,就是用钱生钱。"股神"巴菲特、"投资大鳄"索罗斯和"石油大王"洛克菲勒等都是投资高手。

据说,巴菲特从6岁开始储蓄,每月存30美元。到13岁时,他有了3000美元,买了他的第一只股票。此后几十年里,他坚持价值投资的原则,终于成了全球闻名的投资家,其财富足可敌国。

我们如何用投资的方式使自己成为富人呢?其实很简单,只要坚持以下3个原则,相信若干年后你也是百万富翁中的一员。

这3个造就百万富翁的原则就是:

1. 先储蓄,后消费,每月储蓄30%的工资收入,甚至更多。

2. 坚持每年投资,争取让年投资回报率在10%以上(如果你认为找不到这样的投资机会,本书就可以为你打开投资的大门)。

3. 年年坚持,坚持10年以上。

再看一个有关洛克菲勒的故事:有一次,洛克菲勒的公司请到一对兄弟盖仓库,哥哥叫约翰,弟弟叫哈佛。兄弟俩盖好仓库后去领工钱,洛克菲勒对他们说:"你们要学会让钱为你们工作。如果你们手中有了钱,一定很快就会花光,不如把它换成我们公司的股票作为投资,你们意下如何？"

约翰想了想，当场答应了。但是，哈佛坚持要领现款。没过多久，哈佛就把钱花光了；而因为洛克菲勒公司的股票价格上涨，约翰赚了不少钱，他又将赚到的钱作为本金买入更多股票。结果，复利的效用得以发挥，洛克菲勒的公司源源不断地赚钱，约翰的财富就源源不断地增长。当然，买股票一定要选对行业、跟对人，并且在合适的价格下购买。

你是哪种人呢？你想成为什么样的人，很可能就会成为什么样的人。

据说，日籍韩裔富豪孙正义19岁的时候曾做过一个50年的生涯规划：20多岁时，要向所投身的行业宣布自己的存在；30多岁时，要有1亿美元的种子资金，足够做一件大事情；40多岁时，要选一个非常重要的行业，然后把重点都放在这个行业上，并在这个行业中取得第一，公司拥有10亿美元以上的资产用于投资，整个集团拥有1000家以上的公司；50岁时，完成自己的事业，公司营业额超过100亿美元；60岁时，把事业传给下一代，自己回归家庭，颐养天年！

现在看来，孙正义正在逐步实现着他的计划，从一个弹子房小老板的儿子，到今天闻名世界的大富豪，孙正义只用了短短的十几年。

虽然这些看起来像是从果倒因的"马后炮"式的结论，但是至少说明了规划的重要性：开始决定未来！只有从一开始就有好的规划，才有可能做大。

当然，需要补充的是：一个有远大理想的人不一定有很大的成就，但一个没有远大理想的人就一定不会有很大的成就。

案例 如何在最短的时间内用小钱赚大钱

有一年,在斯坦福大学的课堂上,Tina Seelig教授做了这样一个小测试:

她给了班上14个小组各5美元,作为一项任务的启动基金。学生们有4天的时间做准备,并思考如何完成任务。当他们打开信封时,就代表任务启动。每个小组需要在2个小时之内用这5美元赚到尽量多的钱。然后,他们要在周日晚上将成果整理成文档发给教授,并在下周一早上用3分钟在全班同学面前展示。

虽然斯坦福的学生个个顶尖聪明,但对于涉世未深的学生来说,这仍然是个不小的难题。为了完成这项任务,同学们必须最大化地利用他们所拥有的资源:5美元。

当教授在课堂上第一次向同学们提出这个问题的时候,底下传来了这样的回答:"拿这5美元去拉斯维加斯赌一把!""拿这5美元去买彩票!"这样的答案无疑引来了全班的哄堂大笑。

不过,每个小组都开始思考如何完成这项任务。

几个比较普遍的方案是先用初始资金5美元去买材料,然后帮别人洗车或者开个果汁摊。这些点子确实不错,赚点小钱是没问题的。不过,有几组人想到了打破常规的更好的办法,他们认真地对待这个挑战,考虑不同的可能性,创造尽可能多的价值。

他们是怎么做到的呢?

实际上,最宝贵的资源并不是这5美元,挣到最多钱的几个小组几乎都没有用上教授给的启动基金。他们意识到:把眼光局限于这5美元会减少很多的可能性。

5美元基本上等于什么都没有,所以他们跳出这5美元之外,考虑了各种白手起家的可能性。他们努力观察身边:人们有哪些还没有被满足的需求?通过发现这些需求,并尝试去解决,位列前几名的小组在2个小时之内赚到了超过600美元。综合计算,5美元的平均回报率竟然达到

 你就是下一个有钱人

了4000%！

而因为好多小组甚至都没有用到他们的启动资金，如此计算的话，他们的投资回报率竟然是无限大的！那么，他们是怎么创造这些奇迹的呢？

创造奇迹的办法一

有一个小组发现了大学城里的一个常见问题——周六晚上，某些热门的餐馆总是大排长队。

这个小组发现了这个商机，于是向餐馆预定了座位，然后在周六临近的时候将每个座位以最高20美元的价格出售给那些不想等待的顾客（其实就是号贩子）。

除此之外，他们还观察到了一些有趣的现象：

1. 小组里的女学生比男学生卖出了更多的座位，其原因可能是女性更具有亲和力。所以，他们调整了方案，男学生负责联系餐馆、预订座位，女学生负责去找客人，卖出他们的座位使用权。

2. 他们还发现，当餐馆使用电子号码牌排队的时候，他们更容易卖出这家餐馆的座位，因为实物的交换让顾客花钱之后得到了有形的回报，让顾客感觉自己所花的钱物有所值。

创造奇迹的办法二

另外一个小组用的方法更加简单。

他们在学生会旁边支了一个小摊，帮经过的同学测量他们的自行车轮胎气压。如果压力不足的话，可以花1美元在他们的摊点充气。

事实证明：这个点子虽然很简单，但很有可行性。虽然同学们可以很方便地在附近的加油站免费充气，但大部分人都乐于在他们的摊点充气，而且对他们所提供的服务都表示了感谢。

不过，在摆了1个小时小摊之后，这组人调整了他们的赚钱方式，他们不再对充气服务收费，而是在充气之后向同学们请求一些捐款。

就这样，他们的收入一下子骤升！这个小组和前面那个预订座位并出售的小组一样，都是在项目实施的过程中通过观察客户的反馈，然后优化他们的方案，取得了收入的大幅提升。

这些小组的表现都很不错,班内的其他同学对他们的展示也印象深刻。

创造奇迹的办法三

不过,赚了最多钱的那几名小组成员才是真正的牛人,他们真正把"think outside the box"(打破常规思考,跳出思想框框)发挥到了极致。

这个小组认为,他们最宝贵的资源既不是5美元,也不是2个小时的赚钱时间,而是他们周一在课堂上的3分钟展示。

斯坦福大学作为一所世界名校,不仅有无数的学生挤破了头想进来,而且无数的公司挤破头也希望在里面招人。这个小组把课上的3分钟卖给了一个公司,让他们利用这3分钟打招聘广告。

就这样简简单单,他们用了3分钟赚了650美元。

因为他们发现:他们手头最有价值的资源既不是自己的时间,也不是自己的面子,而是自己班上的同学——这些人才才是社会最需要的资源。

 你就是下一个有钱人

你赚钱的目的是什么

你为什么赚钱呢？这听起来似乎只是一句废话，但事实上有许多人确实不了解自己为什么赚钱。

目的决定结果，观念影响成功。一个人只有明确了赚钱的目的才可能赚到更多的钱。

有的人认为唯利是图是可耻的，不应一切向"钱"看。钱固然不能说明一切，但至少能说明物质生活的富有。金钱自然不是万能的，但金钱却是满足兴趣爱好、提升生活品质、实现个人梦想的前提。

有的人认为赚钱的目的就是为了生存，认为挣钱是为了养家糊口；有的人认为赚钱是为了风光，给家人长脸，以及给周围的人带来荣耀；有的人则从来未把赚钱当成一件重要的事来做，生活压力大的时候就拼命赚钱，衣食无忧的时候则任意挥霍；有的人得到一点蝇头小利就沾沾自喜，遇到一点困难就停滞不前、故步自封。其实，如果赚钱是这样的目的，那么一个人很快会沉迷于现状，可能一辈子都不会有钱。

实际上，如果仅仅只是为了生存而赚钱，一个人永远也无法成为真正的有钱人。并不是每个老板都能赚到很多钱，他们也不是永远都能赚大钱，但不管结果如何，他们每天都会精神百倍地去做事。赚钱就是生命的过程、追求的过程、超越的过程，赚钱是种生活方式。

赚钱是建立在热爱自己所做的事业的基础上的行动，没有一种强烈的爱，就没有一种强劲的动力，事业就不可能成功。即使成功，也是不可能持久的。

赚钱的快乐不在于金钱本身，而在于一个人可以通过赚钱证明自己的能力，实现自己的价值！

许多巨富几乎都是出身寒门，比如霍英东出生于穷苦的水上人家，年轻时当过铁匠、苦力，当苦力时被煤油桶砸断过一根手指。但苦难没有使他屈服，他不断激励自己要在艰难中自强，最后终成大业。当年与他一起做苦力

的人很多，这些人也许只在为生存奋斗，他们的目的只是生存。生活的压力使他们远离梦想，即使有梦想也不敢去追求，最后沦落为普通人。

有个调查发现，中国的创业者可以分成3种类型：

第一种类型是"生存型"创业者。这类创业者大多为下岗工人、农民，以及找不到工作的大学生。这是中国数量最大的一拨创业人群。他们中许多人是被逼上梁山的，为了谋生混口饭吃而创业。其创业范围一般均局限于商业贸易，少量从事实业，也基本上是小打小闹的加工业。

第二种类型可称为"变现型"创业者。就是过去在行政、事业单位掌握一定权力，或者在国企、民营企业当经理人期间聚拢了大量资源的人，在机会适当的时候，将过去的权力和市场关系变现，开办企业获利。这部分人的事业也不大，因为他们靠的不是自己的硬功夫。

第三种类型是"主动型"创业者。他们又可以分为两种：一种是盲动型创业者，一种是冷静型创业者。前一种创业者大多极为自信，做事冲动。这样的创业者很容易失败，但一旦成功，往往就是一番大事业。第二种是冷静型创业者，其特点是谋定而后动，不打无准备之仗。他们或是掌握资源，或是拥有技术，一旦行动，成功概率通常很高。"主动型"创业者之所以容易成就大事业，是因为他们的创业并非完全基于生存的要求，更不是为了简单的物欲，而是追求一种成功的优越感。

那么，你是哪种人呢？

你就是下一个有钱人

案例 售价 50 元的裤子是怎么卖到净利润 52 元的

18元钱批发购进的裤子卖50元/条,结果一条裤子净赚52元,而且有很多人排队疯抢。按照传统做生意的思路,这确实不可能;但是,运用超常规的思维来设计,就能实现这个看似不可能的事情。

这个真实的故事发生在20世纪90年代末期,虽然比较久远,却依然具有代表意义。

那是一个传呼机流行的时代。王先生所在的小城市有两家传呼台,正在竞争着传呼通信的入网业务。

王先生有家不大的商铺,是卖裤子的。他找到其中一家传呼台的负责人洽谈合作:"我可以帮你找到至少3000个人入网你的传呼业务,你只需要将他们第一年交纳的360元传呼费分200元的佣金给我就行了,后面不管他们用多少年,收的费用全归你,如果可以的话,我就不找你的竞争对手了。"

这家传呼台的负责人立马答应了他。

当时,市面上每台传呼机要卖500多元。其实,避开所有环节,直接找厂家拿货的话,非常便宜。

他找了几个厂家,最后以180元/台的价钱跟一个厂家达成了合作,订购了3000台,并且跟厂家这样洽谈:"你派人把传呼机送到我的店面,我保证在15天内就把这批传呼机销售完。你派去的人,由我来发工资。传呼机卖完之后,我跟你结账;如果没有卖完,15天一到,我依然照单全收。"

这样,他没有花一分钱就搞到了3000台传呼机。

最后,王先生就开始卖裤子了。他在店前拉起了大横幅:买50元的高档男裤,送价值500元的传呼机一台。

第一天,这个广告引来了第一批将信将疑的顾客。但当这批顾客真的得到了传呼机后,轰动的传播效应出现了:人们从早到晚排队抢购,不到半个月,3000台传呼机都被一抢而空。后来,王先生陆续订购了几批传呼机。

拥有了传呼机的人所做的最迫切的事情就是到王先生指定的传呼台入网，钱自然而然地就赚到了。

我们来算一下王先生最终的收益：传呼台给他200元/用户的佣金，除去每台传呼机180元的成本，还能赚20元；然后，裤子的进货价是18元，卖50元，每条可以净赚32元。这两部分利润加在一起，结果就是净赚52元。

赚钱的三层境界

赚钱分三层境界。

第一层境界：靠出卖自己的时间和劳动换取报酬，也就是常说的打工，严格来说是指中低端的打工。打工所要求的条件和技术含量较低，但打工能够达到的财富级别十分有限。靠打工致富，财富目标大约达到年薪百万元这样的级别就很不错了，能达到上千万元，甚至上亿元的人寥寥无几。

第二层境界：靠钱生钱、利滚利的方式赚钱，如房地产投资、股票市场投资、保险投资、放高利贷、黄金现货投资等。而靠钱生钱、利滚利的方式赚钱，最关键的一点是你手头上要有一定的资金。资金的多少决定了你所做项目的大小和范围。

靠钱生钱比靠打工挣钱要快得多。靠打工挣钱是做加法的生意：第一步，$1+1=2$；第二步，$2+2=4$；第三步，$4+4=8$；第四步，$8+8=16$；第五步，$16+16=32$……

靠钱生钱做的是乘法的生意：第一步，$1\times1=1$；第二步，$2\times2=4$；第三步，$4\times4=16$；第四步，$16\times16=256$；第五步，$256\times256=65536$……

走过5步，靠钱生钱所获得的收益就是靠打工挣钱之和的2048倍。

绝大多数人选择打工并获取有限的回报，但事实上，投资理财才是我们每一个人都可为、都要为的事。

我就是靠借鸡生蛋白手起家发展起来的：我于1998年借2万元在湖南省冷水江市创办了广大建材行（娄底市广大实业有限公司的前身），2002年又借钱收购了靠近市中心的一家国有企业的办公楼。可以说，我此后遇到所有好的投资机会时，都离不开靠"借鸡生蛋"抓住机会。所以我说，一个不会借钱的人绝对不是投资理财的高手，一个不会借钱的老板一定不

是好老板。如果不信,你能给我找出一个创业10年以上从来没借过钱的老板吗?

第三层境界:靠思想赚钱,这是赚钱的最高境界,他们可能只需要提供一个商业模式、策略或者主张,就可以创造数以百倍计的巨额回报。

有一个案例是用思想赚钱的经典案例。市场上出现过一个女式睡衣产品,销售价格为108元一件,只有两种款式——吊带的和齐肩的;也只有两种颜色——橙色和紫色。厂商用了一个不一样的销售方式:送。怎么送呢?免费!如果顾客穿了感觉很好,厂商就请她帮忙做口碑宣传。

但是,厂商提出一个要求:把睡衣免费送给你是可以的,但快递费23元得你自己出,货到付款,支持退货。花23元快递费可以拿到一件价值108元的女式睡衣,消费者觉得很划算;再加上有几十家网站都在为厂商打广告,结果一年之内居然送出了100多万件。

其实,夏天的女式睡衣款式简单,很省布料,每件制作成本才10元钱。

10元钱成本的睡衣在商场里面可以卖到108元,但是在网上卖就减少了中间环节,省下来的成本可以让消费者真正得到实惠。

平时发一件快递至少需要10元钱。但是,如果有个厂家一年有100万件快递要在同一家快递公司运送,每件5元就能敲定。女式睡衣很轻,又很小,一个信封就可以装下。

下面就剩下广告了。网站要的是浏览量,如果产品免费送就可以带来可观的浏览量,所以很多网站都愿意帮厂商送东西。如果送出去一件,厂商给网站1元钱的提成,网站是不是会把广告打得更疯狂?于是,很多网站都帮着厂商打广告。

23元减去10元的生产成本,再减去1元的广告,再减去5元的快递费,还剩下多少?7元。厂商送一件睡衣实际上只付出了16元的成本,但是消费者却付了23元的快递费。就是说,只要送一件睡衣就能赚7元,而厂商一年"免费"送了100万件睡衣。最后,这家厂商靠"送"睡衣,一年就赚了700万元。

你就是下一个有钱人

再算一下其他人的利润：生产睡衣的工厂每件只能赚1元，但是一下接了个100万元的单。快递公司每件快递收5元，每件只赚1元，一下子也接了个100万元的单。网站打广告本身是没有什么成本的，而通过网站的广告"送"一件睡衣，厂商会给网站返利1元，所以协助厂商打广告的几家网站的边际利润也是100万。3个干活的加在一起，一件才赚了3元，总共300万元，但是，这家厂商赚了多少钱呢？700万元！

这家厂商从总裁、设计总监、销售总监到会计，全公司加在一起才十几个人。十几个人分这700万元是不是怎么都有的赚？

许多人用体力赚钱，不少人用技术赚钱，很少人用知识赚钱，极少人是用智慧赚钱的。只要我们开动脑筋，发挥智慧，就有可能把握机会，成为财富的主人。

案例 85℃凭什么逆袭星巴克

作为全球最知名的咖啡连锁店，星巴克所到之地，同行几乎无人能敌。在近40年的发展历程中，星巴克一直牢牢占据全球第一连锁咖啡店的位置，利润丰厚，风光无限。

然而，这个咖啡业的老大在2010年遇到了一个强劲对手，这就是诞生于我国台湾的85℃咖啡连锁店。它一年内在马来西亚开了110家店，3年内在台湾地区开了370家店，开店的平均速度远远超过星巴克的开店速度。更让星巴克难受的是，85℃还是店店盈利。

现在要问的是：85℃凭什么能与星巴克抗衡呢？

首先，在每一座城市，星巴克开在哪里，聪明的85℃就开在哪里。这样一来，85℃就不必寻找爱喝咖啡的目标顾客群了，因为星巴克已经帮它找好了，常去星巴克的人一定都有喝咖啡的爱好。

85℃用的咖啡豆、辅料、净水机、水等与星巴克一模一样，这样制作出来的咖啡口味基本上跟星巴克的味道一样，但85℃的价格只是星巴克的1/3！比如，一杯咖啡只需要6~12元。也许你会问，这么便宜的价格，还怎么赚钱？85℃自有妙招，当顾客走入店里购买咖啡的同时，进入他们眼帘的便是玻璃橱窗里摆放的各种各样精美的面包和糕点，而且店内还贴满了制作这些面包、糕点的厨师们的照片，洁净的工作服，高高的帽顶，每个厨师都有各种荣誉，什么世界面包冠军、亚洲糕点冠军、中国点心冠军……而且都有权威部门颁发的证书和证明。

顾客一看，面包是由冠军厨师制作的，一定得买点儿尝尝，结果把刚买咖啡省下来的钱全都买面包、糕点了，而这正是85℃想要的。也就是说，85℃真正的利润点是在面包和糕点上，而不在咖啡上赚钱。咖啡在这里只是一个促销品。

除此之外，85℃还巧妙地打好了差异化这张牌。星巴克的咖啡之所以贵，是因为那里的环境好，咖啡是需要坐在咖啡店喝的。但是85℃让你把咖啡拿着喝！他们的店里只有很少的几个座位，从而节省了很大一笔场地租赁费、装修费和桌椅置办费，同样节省下来的还有服务员的工资。

他们帮顾客把咖啡打包好，顾客可以拿着它，边走边喝。对于生活和工作节奏越来越快的现代都市人来说，这自然是大受欢迎的做法。

如今，85℃已经开始在全世界各地布局，计划发起一场咖啡加面包的革命！

用高品质、低价格的咖啡来锁定目标客户群，用五星级的材料和厨师制作出平价商品，将顾客从对手那里抢过来，然后再展开二次销售，从而获得利润。这种新型的商业平台和模式，便是85℃抗衡星巴克的秘诀。

用钱生钱，快过人追钱

一个年轻的乞丐向上帝乞求财富，上帝给了他两个选择：一个选择是一次性地给他1亿元；另一个选择是第一天给他1元钱，然后每天都在前一天的基础上翻倍给他，总计给他100天。他应该选择哪一个呢？

如果选择第一种，他能一次性变成亿万富翁。

如果选择第二种呢？第一天拿1元，第二天拿2元，第三天拿4元，第四天拿8元，第五天拿16元，第六天拿32元，第七天拿64元，第八天拿128元，第九天拿256元，第十天拿512元，第十一天拿1024元……

到第100天的时候可以拿多少呢？是2^{99}元。实际上，他在第28天时拿到的钱就已经超过1亿元了。然后，你可以算一算他一共能拿多少钱。其结果是极为惊人的。

俗话说"人两脚，钱四脚"，就是说钱追钱，快过人追钱。把钱当成消费等价物，便越花越少。用钱生钱，则会越生越多。

假设你现在有10000元用于投资，每年的投资收益是15%。如果你是赚单利的话，3年后，你总共可以赚到4500元。但如果你每年都把赚到的钱用于再投资的话（也就是赚复利），那么3年后你总共可以赚到5209元。这多赚的700多元，是在这3年里你赚来的利息所生的钱。

富人主要都是用钱赚钱的，所以越来越有钱！据说，哈佛大学的第一堂经济学课就要教学生一个理念，即每月先储蓄30%的收入，剩下的才能进行消费。这就是著名的"哈佛教条"。

哈佛大学教导出来的人，以后绝大多数都很富有，并非仅仅因为他们是名校出身、收入丰厚，更是因为他们每月消费和储蓄的行为都严格遵守"哈佛教条"。这的确跟一般的普通老百姓有点不一样。

"先花钱，能剩多少便储蓄多少"是普遍的理财观念，但如果采用这种方式，到了月底，所能剩下的用于储蓄的钱其实并不多，甚至根本就没有了。而哈佛人则要求每月储蓄的钱是每月最重要的目标，只能超额完成，不能找任何借口和理由放弃目标。因此，哈佛人剩下的钱就越来越多了。

在现今高房价、高物价、高压力的"三高"环境之下，如果你仅仅靠那点死工资，只会赚钱而不注重投资理财，到头来还是一个"穷人"。按照每年5%左右的通货膨胀速度计算，假如你在银行里有10万元活期存款，这就意味着你的财富每年会因通货膨胀减少大约5000元。所以，工薪族一定要增加投资理财知识，让钱为你赚钱，因为这样会比付出体力或脑力劳动去挣钱要轻松得多。

家庭投资规划可以参考"4321"原则。这是将家庭资产进行优化配置的一种方式：将40%左右的收入用于投资理财，30%左右的收入用于家庭生活开支，20%左右的收入用于银行存款以备应急之需，最后10%左右的收入用于各种必要的保险。

总之，一定要选对行业、跟对人并进行分散投资，降低风险，让收益最大化。其中，在投资理财方面，没有通过专门培训的稳健型家庭可以以银行理财、国债、大额存单或者是年收益率在5%左右的保本理财方式为主，稳稳拿到收益；而通过了专门培训并且有高手带路的激进型家庭（也就是有一定风险承受能力的家庭），就可以再进行一些高风险的投资，比如股票、民间金融等，以期获得更高的收益。

另外，别忘记给个人和家庭留出一笔应急资金，主要用于应急之需，这笔资金的数额一般相当于3~6个月的个人或家庭月开支，储备时可以选择活期，或者选择一些年收益率在5%左右、投资期限只有1个月的短期理财产品。因为一旦需要用钱，这类理财方式变现较快。

案例 《港囧》幕后：徐峥靠资本运作赚了 20 亿元

有报道称，电影《港囧》上映前，导演徐峥就拿到了 1.5 亿元的纯利润。徐峥以《港囧》未来票房净收入估值作金融杠杆，在电影上映前把自己的票房占比卖给了香港上市公司 21 控股 （01003.HK，现已改名为"欢喜传媒"），不仅获利 1.5 亿元现金，更成为这家公司的第二大股东，持股 19%。也就是说，徐峥在《港囧》上映前就获利颇丰，同时还因为成了上市公司股东，继续享有票房的分红！

《港囧》版权属于真乐道公司，此后的网络版权等收入还是归徐峥，保守预估在 5000 万元左右，这两项加起来就已经有 2 亿元的入账。

2012 年，徐峥作为导演推出的第一部电影《泰囧》最终以 12.67 亿元创下当时华语片票房纪录时，拼死累活的徐峥最终拿到手的仅是为数不多的导演费以及光线传媒老板王长田"赏赐"的 10% 的利润分成 4000 万元。但现在，徐峥仅凭《港囧》这部电影就已经挣得了 1.5 亿元人民币 + 18 亿港元。徐峥不再是当年那个"苦逼"的电影导演，转而成为一名资本运作高手。他是如何做到的呢？

首先，徐峥在跟投资方会谈时，要求拿到《港囧》这部电影 47.5% 的票房净收入。随后，他又运用资本运作中经常使用的收益权转让手段，将 47.5% 的票房净收入这笔收益权以 1.5 亿元的价格转让给了香港上市公司 21 控股。

如果《港囧》的票房高，直接的获益者是 21 控股，但间接的获益人仍是徐峥，因为他是 21 控股的第二大股东。

21 控股原先是一家物业代理公司，但 2015 年 5 月 13 日，徐峥却联合阿里影业前主席董平、导演宁浩，联手控股了这家上市公司。其中，徐峥以 1.75 亿港元认购 21 控股扩大股本后 19% 的股份，成为第二大股东。发行完成后，21 控股的主业由提供物业代理转而聚焦娱乐及媒体相关领域，并更名为"欢喜传媒集团有限公司"。

如果《港囧》大卖，徐峥作为 21 控股的第二大股东，持有 19% 的股票，其股票一旦上涨，他就会拿到更多的钱。上市公司 21 控股要转型，把《港囧》作为第一炮当然再好不过。而且，票房对股价的影响是很直接的。

比如，2012 年年底《泰囧》上映前后，其出品方光线传媒的股价一度飙升逾 75%。2010 年，周星驰借壳比高集团，在其执导的电影《西游·降魔篇》上映前就促使股价暴涨近 50%。当初阿里影业借壳文化中国上市，找到赵薇当明星股东，股价随后最高暴涨 175%。当年进行这项资本运作的，正是董平。

更名为欢喜传媒后，该公司被认为简直就是下一个阿里影业。如果徐峥是以每股 0.4 港元配股成功，则已坐收 930% 的涨幅，其个人拥有其中 18 亿港元市值。《港囧》上映过后，徐峥的身价又要上涨不少。

创造持续性收入，实现财务自由

李莉是研究生学历，月收入3万元，是公司的职业经理人，而张棋是普通大学学历，每个月只有1.5万元的收入。李莉月入3万元的收入完全来源于她起早贪黑地辛苦工作所换来的工资，而张棋月入1.5万元的收入是她拥有5套公寓平均月租3000元所获得的收益。

在大多数人看来，李莉是有钱人。但是，她每个月交了房租和日常开销后所剩不多。如果她不工作，就没有收入，因为她的收入是工资性收入，属于主动收入、暂时性收入。

张棋拥有5套房产，至少价值500万元，每个月帮她产生1.5万元房租收入。无论她是否工作，这5套房产都会给她带来房租收益。她的生活过得很安逸，没有工作压力与生活危机。这种收益被称为资产性收入，属于被动收入、持续性收入。

在现实生活中，你常常会发现富人都在寻找和赚取资产收益，而普通人则追求高薪职位。

对绝大多数打工族来说，靠薪水永远只能满足生活的基本要求，靠工薪收入很难摆脱贫穷。

老板之所以雇你，不是要让你发大财的，也不是要和你共同富裕。如果对他没有好处，在你身上挖不出剩余价值，他就没有必要雇你。老板一般只能给你一个位置，很难给你一个满意的未来。你什么时候能创造出比较满意的持续性收入，就能在什么时候脱离贫穷。

从前，有两座山，一座山上住着一休和尚，另一座山上住着二休和尚。山上没有水。一休与二休每天都需要到山下来挑水，两人很快成为好朋友。

某一天，二休去挑水时，发现一休竟然没出现。他想，或许一休生病了。第二天，二休再去挑水，一休还是没出现，二休就开始担心了，决定

你就是下一个有钱人

去探望一休。

上山后,他发现一休正在大树下打拳。二休很惊讶地问道:"一休,为什么你没有挑水却还有水喝呢?"一休回答说:"这3年来,我每天挑完水,都会利用零碎时间来挖井。现在我已经挖好一口井,井水源源不绝地涌出,从今以后,我再也不用下山挑水了!"

"我还可以省下很多时间,做我喜欢的事。"因此,一休从此不用再挑水,二休却依然不能休息。

一次,在一个关于财富的课程中,台上的演讲者问台下的听众:"知不知道'有钱'的定义?"听众当场愣住:"有钱"不就是钱很多吗?

演讲者摇摇头:"真正的有钱人是指拥有健康、有时间花钱的人。而如何界定'拥有财富'呢?那就要先了解在其全家都不工作的情况下,原来的生活水平可以维持多久。"

听众当场傻眼:不工作,还能继续生存?

凡是不可持续的收入,再高都不值得羡慕;超时工作,以健康为代价去追求高收入更不值得。另外,光靠储蓄的利息也不足以让你养老。

对有钱人来说,即使不工作,他们之前投资的基金、股票、房子的租金以及企业的系统等,也会给他们带来收入。

在不工作时获得的收入,如投资收益、版权收益或系统产生的利润,都属于持续性收入。例如:词曲作者得到的报酬、房东收取的租金、发明者收取的专利费、网站运营者收取的广告点击费用、企业家架构系统之后收取的加盟费、商家进行分销、保险经纪人建构组织及扩大系统等许多情况,都有可能带来持续收益。

一个人是否真正富有,主要看他的收入结构与来源。只有创造持续性收入,经营好获得非工资收入即资产收入的渠道,才能实现财务自由。

案例 要工资还是要股权

2005年,几个哈佛学生决定辍学创办一家公司。为了让公司更加个性鲜明,他们打算找个艺术家为租用的办公室进行一次室内设计。由于刚开始创业,大家都囊中羞涩,几个人商讨了一下,决定干脆从路边找一个涂鸦者在室内墙壁作画,这样不光公司有了装饰,连油漆都能省了。

于是他们在街边找了一个名为崔大卫的韩裔涂鸦画者帮他们在办公室作画。崔大卫画完画之后就向雇主要钱,结果这几个高才生给了他两个选择:股权或是现金。鬼使神差地,当时对股权并不甚了解的崔大卫选择了股权。在之后很长一段穷困潦倒的日子里,不知道他有没有后悔过自己当初似乎是有些愚蠢的选择,但是这位执着的画者凭借自己的努力,也逐渐变成了一名小有名气的画家。

2012年年初,当他被别人告知自己出现在新闻头条上时,他整个人都处在一种莫名其妙的状态。虽然那时候他也算是小有资产了,但还是被巨大的幸福砸了一下腰。原来,7年前在他看来根本不值一文的那张股权转让书,随着这家公司——Facebook的上市,转眼间就价值2亿美元。崔大卫也成了当时世界上"酬金最高"的在世艺术家。在被问起这件事带给他的感受时,他笑道:"如果你也遇见哈佛辍学生问你要钱还是要股权时,请不要犹豫,选择股权。"

人无股权不大富

未来如果不从事与股权和股票相关的事宜，财富很难增值或大幅度提升。中国前100名的富翁，没有一个不是靠原始股权投资致富的。

2014年9月19日，阿里巴巴在美国上市。阿里巴巴上市后不仅使马云成为了当时的华人首富，还造就了数十位亿万富翁、上千位千万富翁、上万名百万富翁，成为一场真正的财富盛宴。阿里巴巴上市时确定的发行价为每股68美元，首日大幅上涨38.07%，收于93.89美元。而阿里巴巴的股本仅为25.13亿美元，其上市首日市值就超过了2300亿美元，收益率近百倍。

股权投资是一种新兴的投资型创业模式。它不需要太大的资金，也不需要太多的技术，更不需要庞大的人力、物力及管理。我们所需要做的仅仅是找到一家拥有一流管理团队的一流企业，然后在合适的时候放心地把资金交给他们，成为这家企业的股东，让他们利用你的资金为你创造财富。

美国股神巴菲特一生从来没有亲自投资过实业，他的财富积累都是通过产权和股权投资来实现的。他终生拥有可口可乐等几大世界著名企业的股份，为2015年全球第二大富豪，身价超过700多亿美元。

日本首富孙正义于2000年投资2000万美元，购买了阿里巴巴公司的股权，给他带来了超过100亿美元的回报。这就是股权投资的财富倍增效应。

2005年8月5日，百度在美国上市，催生了7名亿万富翁、上百名千万富翁与数量更多的百万富翁，而他们中的多数人在短短几年前还只是刚毕业的学生。

步步高原老板段永平最早以0.8美元/股认购网易股票，最后以100多美元/股的价格抛出。段永平称自己作为企业家的生命已经结束，因为他

近年在美国做投资赚的钱比他在国内10年做企业赚的钱要多得多。这让他领悟到资本增值最快的地方是在资本市场，而不是工厂。

红杉资本创始人沈南鹏从2003年年底至2007年连续4年有股份退出，分别是携程、如家、分众和易居。他用100万美元赚了80亿美元，收益为8000倍。他的成功在于把握住了资本市场最厉害的机制——退出机制。

李兆基被称为"香港股神"，也有人叫他"香港巴菲特"。他于76岁转行。2007年年底的一天，这位79岁老人悄悄对媒体说，他投资资本市场的500亿元可能已达到2000亿元了，做得比自己的上市公司还出色。李兆基在短短几年内能从"楼王"变成"股王"，最主要的原因就是他善于抢先认购潜力原始股。

案例 中国股市第一人：从 2 万元到 2000 万元

1988年3月，杨怀定在上海铁合金厂当仓库管理员，每月只能拿53元的工资。由于生活不富裕，他此前就和妻子悄悄地干起了第二职业，承包了浙江上虞一家乡镇企业的销售业务。他自己也在业余时间里再干点推销的活儿，慢慢竟有了2.9万元。这在当时是个不小的数字。

恰在此时，该企业的仓库丢了1吨多铜材，因为杨怀定的妻子承包的电线厂所用原料是铜材，所以杨怀定就成了重点怀疑对象。案子很快就破了，跟杨怀定没有关系，然而杨怀定却决定不干了。

他在报纸上看到，从1988年4月开始，中央将相继开放多个城市的国库券转让业务。他的眼皮狠狠地跳了一下：发财的机会来了！因为国库券的利率远远高于银行存款的利率，中间的差价空间极大。站在交易所门口的杨怀定，心里开始盘算起来：今天带来了2万元，如果全部买成国库券，一年就有3000元利息，远远超过自己的年薪。于是，他果断地把带去的2万元都买成了国库券。

"买是买了，但是心里忐忑不安，害怕跌。下午就迫不及待地跑去交易所看行情。一看，发现从104元涨到112元了，我赶紧卖了，赚了不少钱。"

一年的"工资"到手了，杨怀定的心放宽了些，又开始突发奇想：如果能把104元的国库券重新买回来，再以112元的价格卖出去，不就又可以赚钱了吗？

由于当时全国有多个城市都开放了国库券交易，杨怀定决定打听一下其他城市的行情。

"那时候，国库券行情属于国家机密，但当天的《解放日报》报道了上海的开盘价和收盘价。以此类推，各地的党报一定会报当地的行情。"杨怀定立即跑到了上海图书馆，翻看全国各地的党报，终于查到安徽合肥当日国库券开盘价94元，收盘价98元。

连夜去合肥！杨怀定到合肥跑了一个来回，2万元的本钱一下子变成

了2.2万多元。跑了几次以后，杨怀定尝到了甜头。之后，他借了所有亲朋好友的钱，手头有了14万元现金，开始背着更多的钱往返于合肥和上海之间。

后来，他来回穿梭于山西、福建、河南等地，采用蚂蚁搬家的方式把国库券源源不断地搬到上海。就这样，他一年就赚了100万元，而在那个年代，对许多人来说成为万元户都是遥不可及的目标。于是，别人给他取了一个霸气的名字：杨百万。而在当时，百万富翁估计比现在的亿万富豪还神气！

1992年5月～12月是中国股市开市以来第一次大熊市，上证指数从1429点一直跌落至300多点。上证指数跌到400多点时，他认为指数已见底，马上进去抄底，不想抄在半山腰上。股指又跌至300点左右，杨百万被套牢30%～40%。

1994年7月31日，杨百万从报纸上又敏锐地感觉到政府即将出台救市政策。这天，他把股票资金账户中最后的"子弹"2万元打进股市。果然，第二天，证监会宣布了三大救市政策，股指一路飙升，从300多点上涨到1500点。在两个星期中，杨百万手中的股票市值翻了4倍。

之后，股指一路上扬，杨百万却出人意料地抛出了手中的股票，以每平方米1300元的价格买了两套商品房。很多人开始笑话他：股市这么好，他却退了出来。对此，杨怀定笑而不语。

2005年，当地的房价由每平方米1500元飞涨到7000元。于是，杨百万卖出了这两套房子，又用这些房款买了30万股股票，并在2006年又赶上了大牛市。

2013年11月，年过六旬的杨怀定说："比起当年的2万元本钱，今天我有2000万元，资产增加了1000倍。钱够用就好，养老也可以不靠国家而靠自己了。"

2015年4月，杨百万宣布即将告别公众视野，准备过隐退生活。

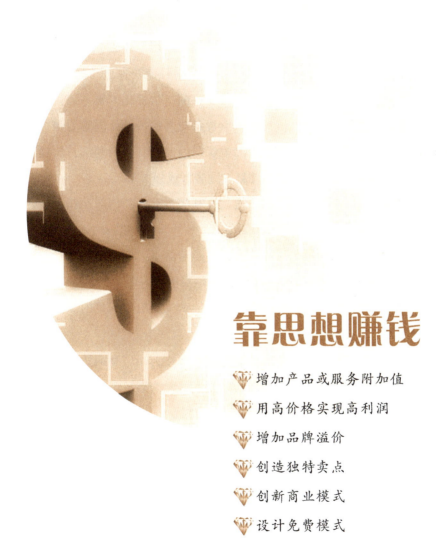

靠思想赚钱

- ◆ 增加产品或服务附加值
- ◆ 用高价格实现高利润
- ◆ 增加品牌溢价
- ◆ 创造独特卖点
- ◆ 创新商业模式
- ◆ 设计免费模式

你就是下一个有钱人

增加产品或服务附加值

为什么有的产品越卖越贵，人们还挤破头地去购买？有时候，有的产品甚至让人们想买都买不到，经常处于缺货状态，让人们总是感觉供不应求。

那是因为这些产品注重商品功能、创新设计、用户体验、极致的品质和独特的性能与交互体验，以此赢得了用户，并且能快速进行迭代改进，能让客户尖叫，有良好的口碑；还有大量优质的、个性化的服务，大大增加了其附加值。这些商品的价值提高，消费者对其价值的认同感增强，就会强化客户的购买意愿，降低价格上的争议，因此能获得高利润，而且还畅销，拥有了一大批忠实的粉丝，并且与顾客形成强关系。

通过高价格获取高质量的用户，通过高利润推动不断创新，获得良好的口碑传播，这就是这类产品的成功秘诀。

顾客买东西时，买的是产品的价值，买的是需求，即满足自己某一方面的需求。商品的价格并不是顾客愿不愿意购买的唯一因素。

客户真正害怕的并不是高价格，而是害怕购买到价值不足的商品。客户所关注的焦点是价值，而不是价格。

中国消费者的消费模式已经从温饱型消费转移到品质型消费，低价产品早已满足不了消费者追求品质的市场潮流，也无法满足企业追求利润的要求，更满足不了市场快速变化、不断迭代的需要。

迈克尔·乔丹13岁的那年，有一天，父亲突然递给他一件旧衣服。父亲问："这件衣服能值多少钱？"

乔丹回答："大概1美元。"

父亲问："你能将它卖到2美元吗？"

乔丹赌着气说："傻子才会买！"

父亲的目光真诚中透着渴求："你为什么不试一试呢？你知道的，家

里日子并不好过,要是你卖掉了,也算帮了我和你的妈妈一次。"

他这才点了点头:"我可以去试一试,但是不一定能卖掉。"

乔丹很小心地把衣服洗净。第二天,他带着这件衣服来到一个人流密集的地铁站,经过6个多小时的叫卖,终于卖出了这件衣服。

他紧紧攥着2美元,一路奔回了家。以后,每天他都热衷于从垃圾堆里淘出旧衣服,打理好后,去闹市里卖。

过了十多天,父亲突然又递给他一件旧衣服:"你想想,这件衣服怎样才能卖到20美元?"

"怎么可能?这么一件旧衣服怎么能卖到20美元,它至多值2美元。"

"你为什么不试一试呢?"父亲启发他,"好好想想,总会有办法的。"

终于,他想到了一个好办法。他请自己学画画的表哥在衣服上画了一只可爱的唐老鸭与一只顽皮的米老鼠。他选择在一个贵族子弟学校的门口叫卖。不一会儿,一个管家为他的小少爷买下了这件衣服。那个十来岁的孩子十分喜爱衣服上的图案,一高兴,又给了他5美元的小费。25美元,这无疑是一笔巨款!这在当时相当于他父亲一个月的工资。

回到家后,父亲又递给他一件旧衣服:"你能把它卖到200美元吗?"父亲目光深邃。

这一回,他没有犹豫,接过了衣服,开始了思索。2个月后,当红电影《霹雳娇娃》的女主角拉弗西来到纽约做宣传。记者招待会结束后,他猛地推开身边的保安,扑到了拉弗西身边,举着旧衣服请她签名,拉弗西流畅地签完名。

他笑着说:"拉弗西女士,我能把这件衣服卖掉吗?""当然,这是你的衣服,怎么处理完全是你的自由!"

他"哈"的一声欢呼起来:"拉弗西小姐亲笔签名的运动衫,售价200美元!"经过现场竞价,一名石油商人以1200美元的高价买了这件运动衫。

在对抗性竞争中,低价没有利润的支撑,不可能有良好的售后服务和持续的创新。低价可能在短期内见效快,但是从长期看,降价侵蚀了利润，严重透支了产品的附加值，会贬低品牌形象，给人以山寨、低端的感觉。这会伤害自己，也增加了机会成本，使企业无足够资金投入到新产品开发，不能实现产品的快速迭代，不能吸引优秀人才加盟、没有经济实力去进行品牌推广等，也不能提供优质的售后服务，还不能赢得顾客满意，不能给客户良好的体验，最后势必危及企业未来的生存和发展。

自1953年新西兰人埃德蒙·希拉里和向导丹增·诺盖首次征服珠穆朗玛峰（简称"珠峰"）以来，人类已给珠峰制造了上千吨垃圾。

为了遏制乱扔垃圾，尼泊尔成立了污染控制委员会，和众多国家联合成立了"珠峰清扫运动及垃圾管理计划"小组，打出了"零遗留"和"除了记忆，什么都不要留下"的垃圾治理宣传口号，并严格执行登山队在登山前需缴纳4000美元押金的规定，还对被举报有乱丢垃圾行为的登山者执行5年内禁止登山的处罚。

近年来，随着这些措施的出台，在珠峰上乱扔垃圾的现象得到了有效遏制。但是，之前丢弃在珠峰上的垃圾必须清理掉，还珠峰一个靓丽的面孔。

丢弃在高海拔地区的废物，除非组织登山运动员，否则是无法上去清理的。即便只有1公斤重的空氧气瓶，也只能由另一名队员慢慢捡起来放进对方背包里。再强壮的登山队员，一次也只能背下6个空氧气瓶。清理1个空氧气瓶，就要花费大量的人力和物力，而实际上还有不少垃圾清理者已经命丧珠峰。

有一段时间，尼泊尔人甚至到了谈珠峰垃圾色变的程度。面对珠峰上的垃圾，只有望而生畏的份儿。

就在大家一筹莫展的时候，画家、诗人苏尼塔·拉娜主动提出承揽珠峰上的垃圾清理工作，而且不要尼泊尔政府一分钱报酬。

接揽垃圾清理的工作后，拉娜很快组织了65名背夫和75头牦牛的垃圾清理队伍。在两个登山季内，共清理出包括废弃氧气瓶、瓦斯罐、绳索、帐篷、玻璃罐、啤酒易拉罐、塑料布、食品容器，乃至一架直升机残骸等8吨垃圾。有的垃圾上标明的生产日期，甚至可追溯至20世纪70

年代。

很快,有人替拉娜担忧起来:"不说别的,单65名背夫和75头牦牛一天的开销,一个画家、诗人出身的拉娜能支付得起吗?"

从珠峰上清理下来的垃圾,却成了拉娜眼中的宝贝。拉娜请来当地有名的15名艺术家,第一个月,使用其中约1.5吨原材料,完成75件雕塑作品,建起了一个"珠峰艺术展览馆"。2011年,"珠峰艺术展览馆"就接待了来自世界各地的上百万人,仅门票一项收入就突破千万卢比。

剩下的珠峰垃圾,都被拉娜他们做成了各式各样的艺术品,标价从1500卢比(约合17美元)至20万卢比(约合2667美元)不等。这些艺术品都被拉娜拍成照片,投放进了"8848网站"。一夜之间,明码标价后的艺术品成了网上的抢手货。其中,拉娜使用1974年为意大利登山者运送食物而失事的直升机残骸塑造的作品,成了网站上的"镇店之宝",其拍卖价一路飙升,由20万卢比升至360万卢比,"身价"翻了18倍。

拉娜不光支付了65名背夫和75头牦牛的所有开销,也赚了个盆满钵满。不仅如此,拉娜的艺术品和她的名字一起名扬世界,这让她成了举世瞩目的艺术家。

扔下时是垃圾,捡起来却成了宝贝。拉娜没有过人之处,她的成功就在于打出了世人皆知的"珠峰"品牌。每个人的心里,只要有"珠峰"的创意高度,就算是垃圾也能成为宝贝。

用我的"稀缺理论"来解释就是:通过发现稀缺、创造稀缺,你就会成为市场的赢家。

你就是下一个有钱人

案例 靠拾破烂成为百万富翁

在一般人眼中，拾破烂的一定是穷人，想靠拾破烂成为百万富翁更是近乎天方夜谭的事。可是，真就有人做到了。

沈阳有个以拾破烂为生的人，名叫王洪怀。有一天，他突发奇想：收一个易拉罐，才赚几分钱；如果将它熔化了，作为金属材料卖，是否可以多卖些钱？

于是，他把一个空罐剪碎，装进自行车的铃盖里，熔化成一块指甲大小的银灰色金属，然后花了600元在沈阳市有色金属研究所做了化验。化验结果出来了，这是一种很贵重的铝镁合金！

当时，市场上的铝锭价格每吨在14000～18000元之间，每个空易拉罐重18.5克，54000个易拉罐就是1吨。这样算下来，卖熔化后的材料比直接卖易拉罐要多赚六七倍的钱。他决定回收易拉罐进行熔炼。

从拾易拉罐到炼易拉罐，一念之间，不仅改变了他所做工作的性质，也让他的人生走上了另外一条轨迹。

为了多收易拉罐，他把每个易拉罐的回收价格从几分钱提高到0.14元，又将回收价格以及指定收购地点印在卡片上，向所有收破烂的同行散发。

一周以后，王洪怀骑着自行车到指定地点一看，只见好几辆货车在等待他，车上装的全是空易拉罐。这一天，他回收了13万多个易拉罐，足足2.5吨。

向他提供易拉罐的同行们，卸完货仍然去拾破烂，而王怀洪却彻底变了。

他立即办了一座金属再生加工厂。一年内，这座加工厂用空易拉罐炼出了240多吨铝锭，3年内赚了270万元。他从一个"拾荒者"一跃而为百万富翁。

一个收破烂的人，能够想到不仅是拾，还要改造拾来的东西，这已经

不简单了。改造之后能够送到科研机构去化验,就更是具有了专业眼光。600元的化验费,得拾多少个易拉罐才赚得回来!一般的拾荒者是绝对舍不得的,但这就是投资者和打工者的区别。

虽然是个拾荒者,却有非常积极的心态,敢想敢做,而且有一套巧妙的办法。这种人,不管他眼下的处境怎样,兴旺发达那只是迟早的事。

 你就是下一个有钱人

用高价格实现高利润

国人一心想的是通过低价格吸引客户，挤对对手，各商家都在打价格战、做特价、搞活动，希望以此来提高销售业绩，好像不打折就不能提高销售业绩。难道低价位产品一定会卖得很火爆吗？

事实上，价格压下去后，用户也就养成了低价购买的心理定势，市场价格一旦形成，再想提价，很难提得起来。

德鲁克说过："顾客购买和认定的价值并不是产品本身，而是效用，也就是产品和服务为他带来了什么。"

以手机为例：诺基亚用种类繁多的低端机扩大市场占有率，分散了公司的精力，减弱了创新能力，最终败下阵来，落得个被微软收购的结局。

而苹果手机通过高价格能获取高质量的用户，通过高利润不断推动开拓创新，提高了商品的体验价值，并获得了良好的口碑传播。所以，诺基亚越卖越便宜，最后被苹果洗牌，退出手机市场；而苹果手机价格越卖越贵，但人们还是愿意挤破头去购买。

实际上，低价在市场上通常只能扮演"矮穷挫"的角色。在对抗性竞争中，低价没有利润的支撑，不可能有良好的售后服务和不断的创新，最终总是难敌高价。

每家企业都希望薄利多销，利用销量增长来提升利润，但价格战的结果往往是"杀敌一千，自损八百"。

你可曾见过 LV、江诗丹顿、兰博基尼等品牌降价吗？

客户并不害怕购买价格高的商品，否则，奢侈品为什么从不打折促销，卖那么贵还有那么多人去买，而且货品供不应求呢？

据说，中国的奢侈品消费规模已占全球市场的 25%；还有机构报告说，中国已经成为全球最大的奢侈品市场。

其实，客户真正害怕的并不是高价格，而是害怕购买到价值不足的商

品，客户所购买以及关注的焦点大部分是价值，而不是价格。

中国古话讲，一分钱一分货。低价很容易让消费者形成低品质的印象。在价格竞争中，过分低价往往也是压垮骆驼的最后一根稻草。

对于只想通过薄利多销弥补利润损失的商家，其价格优势也容易导致质量和用户体验的大幅下降，也导致在技术迭代上难以进行投入。

中国出口的袜子最初卖6美元一打。随着无休止的价格战，后来跌至0.99美元一打，折合人民币平均每双仅0.60元。

20世纪90年代中期，温州有3000多家大大小小的打火机工厂，年产20亿只打火机，全球产量第一。从2003年前后开始，随着国内原材料和劳动成本轮番上涨，温州打火机工厂的压力越来越大，行业平均利润率跌到2%的可怜水平，大量工厂倒闭转产，3000多家企业缩水至100余家。在这些年里，温州人对打火机产业的技术迭代进步的贡献几乎为零。

现今市场不断进步，产品不断迭代，我们应该用价值去为自己以及公司争取到合理的价格和利润。企业应从以产品为中心的销售模式中走出来，建设品牌，创造需求。为客户提供高附加值的产品或服务，销售才能获得高利润。销售不是打价格战，而是传递价值，为客户解决问题，让客户的财富增值。只有这样，才能真正实现高利润销售。

你就是下一个有钱人

案例 一块石头居然可以卖到 25 万元

一天,一位禅师为了启发他的门徒,给他一块石头,叫他去蔬菜市场试卖一下,看看能值多少钱。这块石头很大,也很漂亮。师父说:"不要卖掉它,只是试着卖掉它。注意观察,多问一些人,然后只要告诉我能卖多少钱。"

门徒来到菜市场。有的人说:"它可做很好的小摆件。"有的人说:"我们的孩子可以玩。"有的人说:"我们可以把它当作称菜用的秤砣。"于是他们分别出了价,但最多的也只不过几个硬币。

门徒回来说:"它最多只能卖几个硬币。"师父说:"现在你去黄金市场,问问那儿的人。但是不要卖掉它,问问价。"从黄金市场回来,这个门徒高兴地说:"太棒了!这些人乐意出 1000 元。"

师父说:"现在你去珠宝市场,低于 20 万元不要卖掉。"于是,门徒去了珠宝商那儿。他简直不敢相信:他们竟然愿意出 5 万元。门徒说他不愿意卖,但珠宝商们继续抬高价格——他们出到 10 万元。但是这个门徒仍然说:"这个价钱还是不够,我不打算卖掉它。"他们说:"我们出 15 万、20 万元!"这个门徒说:"这样的价钱我还是不能卖。"最后,他以 25 万元的价格把这块石头卖掉了。

他回来后,师父说:"现在你明白了,一个东西的价值并不是一成不变的,要看你是不是有试金石、理解力。如果你不要更高的价钱,你就永远不会得到更高的回报。"

增加品牌溢价

品牌优势可以让企业获得客户的更多信任。这个世界最难的就是取得信任，而品牌就是信任的基础。一旦一个品牌取得了消费者和市场的信任，消费者就愿意为它的产品支付更高的价格。同时，建立品牌也是建立竞争壁垒，会形成差异化竞争优势，增加品牌溢价。

类似 iPad 这样的平板电脑，国产货几乎能做到跟 iPad 同样的功能，只用 70 美元的成本就能做好。可是，国产产品售价不到 100 美元，而苹果 iPad 的价格却是 500 美元，还越卖越好，越卖越贵。为什么？

我们开发产品的时候，往往只注重新功能、新设计，却忘记了这个产品所代表的品牌价值。我们只顾打折促销，却忽视了提升产品的品牌价值。

许多化学品公司只制作化妆品公司需要的化学原材料，而不制造化妆品，所以利润很少。但是，化妆品公司因为拥有消费者熟悉的品牌，从而能够获得较高的利润。有的化妆品公司甚至把产品制造业务全部外包给化工厂，让化工厂制好产品后，贴上化妆品公司的商标，发到各个销售渠道。整个过程中，化妆品公司付出很少，但是利润很高，因为它们拥有品牌，也就拥有消费者的信任。

我们知道，顶级化妆品品牌香奈儿一定会开在房租非常高、成本非常高的城市中心广场。乐扣乐扣来到中国市场后，就把自己的直营店开在香奈儿旁边。其目的是给客户一个价值认同：能够与香奈儿做邻居的产品，一定也是高端产品。乐扣用一个形象店的成本，直接提高了产品在客户心中的位置。

这就是巧妙借力于其他品牌，树立自己在客户心中的位置。这也告诉我们：你在客户心中的地位，一定程度上取决于你与谁在一起。

1999 年 2 月，牛根生刚刚创立蒙牛公司。筹到 300 万元后，他对孙先红说:"我给你 100 万元的宣传费,对谁也不要说。"孙先红问:"为什么不能说?"牛根生说:"现在总共筹到 300 万元,拿出 100 万元做广告,我怕大家知道后接受不了。我就要一个效果:一夜之间,让呼市人都知道。"

于是,1999 年 4 月 1 日早上,一觉醒来,人们突然发现道路两旁冒出了一溜溜的红色路牌广告,上面高书金色大字:蒙牛乳业,创内蒙古乳业第二品牌!通过品牌营销,蒙牛很快成为全国知名品牌。

我本人对牛根生先生也是非常佩服的。2008 年,我与他去人民大会堂参加一场颁奖典礼时,现场给他写了一首词:

鹧鸪天·赠牛根生先生

伊利耕耘十六年,蒙牛后起勇争先。

踏平坎坷前程远,放眼全球好梦圆。

凭德义,纳才贤。品牌发展似飞船。

股权亿万皆捐尽,爱撒蓝天碧野间!

再比如,水是最便宜的,但最便宜的东西有时也可以卖很贵。依云多年来占据高端水市场份额第一的位置,得益于其独特的品牌营销策略。

依云矿泉水的水源地依云小镇背靠阿尔卑斯山,面临莱芒湖,有着法国人最引以为豪的水疗温泉,远离任何污染和人为接触。依云水经过了最少 15 年的天然过滤和冰川砂层的矿化,品质卓越。离开了这个地方,你肯定找不到像依云这样健康、天然和纯净的水。事情的真相是怎么样的,我们不得而知,但它传递出的信息让人产生了一种"这是一种稀缺资源"的心理认知。

依云将制造稀缺性和附加值提炼出来,不遗余力地对其品牌文化精耕细作,推广品牌的文化内涵。不以"产品"为购买驱动,而是以"品牌"为购买驱动。

许多白领在 LV 包里放一小瓶依云,不是为了止渴,而是一种扮相,展示的是一种生活品质。

我国政府正大力扶持新兴经济的发展,同时,高速发展的"互联网+"降低了大众创业的门槛。过去,有好多优质产品由于渠道没打开,销路不畅，为人所不知。现在由于移动互联，省去了很多中间环节，创建品牌的机会较大，小而美、精准定位、高粉丝黏度的品牌会不断崛起。这些品牌从无到有，在没有任何基础和传统渠道支撑的情况下，可通过微商渠道迅速把销售额做到上亿元，甚至逼近10亿元的级别。

在提升品牌价值方面，拥有产品本身的功能是远远不够的，要从产品的原料产地、工艺技术、功能价值、设计、概念、选材、手工艺等因素里寻找、提炼、制造出最能体现产品稀缺性和独特性的价值，同时赋予产品附加值，做好品牌定位、品牌文化和理念、服务传递、宣传推广等，实现品牌价值的提升。

你就是下一个有钱人

案例 麦当劳为什么不直接降价

麦当劳的一个汉堡卖20元,但如果你能得到一张优惠券,那么20元的汉堡只需15元就能搞定。

麦当劳为什么不直接把汉堡的价格降到15元呢?毕竟,印刷和发放优惠券还非常麻烦!

其实,道理很简单:商家之所以这样做,是为了赚到更多的钱。同样一个汉堡,经济宽裕的A愿意为它付20元,普通人B愿意付17元,而最近手头较紧的C只愿意付15元。

麦当劳如果把成本为10元的汉堡定价20元,就只能卖给A,可赚到10元。

如果定价15元,就能同时卖给A、B、C三个人,可赚到 $5 \times 3 = 15$(元)。

但最好的方案肯定是对A卖20元,对B卖17元,对C卖15元,这样就能赚到 $10+7+5=22$(元)。

创造独特卖点

独特卖点是产品在商场上脱颖而出的核心标志,是保证你在竞争中处于不败之地的撒手锏,是制定高价格的有力保证。

有个很火的网络鲜花品牌 RoseOnly 的品牌定位是高端人群。在这里买花,买花者需要与收花者的身份证号绑定,且每人只能绑定一次,意味着"一生只爱一人"。该品牌于 2013 年 2 月上线,当年 8 月就做到了月销售额近 1000 万元。

客户一生只能赠送玫瑰花给一个人,以此表达坚贞不渝的爱情。很多女生都期待收到男朋友从 RoseOnly 上面送来的花,其中不乏一些明星。

玫瑰花有多奇特?花七八十元,你随处都能买到 12 朵。然而,在 RoseOnly 上,却要花 999 元才能买到 12 朵玫瑰花。可让人惊讶的是,不仅消费者对这个品牌趋之若鹜,这个买卖还成了一个时尚话题。

是什么原因让这家企业能够在市场中轻松地获得高利润,轻松规避竞争对手,轻松占领客户的内心?答案是:一个广泛传播的故事和差异化的竞争策略。

哈根达斯卖的不是冰淇淋,卖的是爱情密码;RoseOnly 卖的不是玫瑰花,卖的是坚贞不渝的爱情。只会卖产品的就是三流的企业,你要跳出这个初级的竞争。卖出高利润,客户买的不仅仅是产品,更重要的是使用产品背后的归属感、愉悦感、身份象征,或者是产品所代表的独特理念。

卖出不同,做爆单品,用互联网引爆用户口碑,而不是靠广告。互联网思维的核心是用户思维,用户思维的极致就是爆品战略。

小米和苹果采用的都是大单品策略,而不是"机海"战术。互联网时代,企业的尖叫声、顾客的尖叫声,很容易被听到并以数量级放大。聚焦一两款极致产品,做到第一名,才能让用户尖叫,让用户有参与感。因此,小米把做爆品作为最根本策略,强调专注和极致。只有专注,才能做

到极致和快；只有做到极致，才有好口碑。

一个单品要想做爆，要对其差异化的卖点定位，差异化的卖点表达是品牌传播的生命线，要通过差异化的卖点获得产品服务的增值和品牌的增值。

红牛是为人熟知的能量饮品。一提到红牛，人们就会想起"困了、累了喝红牛"这句广告语，就知道喝红牛能够缓解疲劳。红牛主打提神醒脑、补充精力。

同样，一看到"走进闺蜜时空，魅力与日俱增"，就会想到闺蜜时空一定是做美容和化妆品的；一看到"登录九州红娘，早做新郎新娘"就会想到九州红娘是专门做婚介的。

在饮料领域，还有两款与众不同的产品：唯他可可为天然椰子水，来自美国，主打运动补充，科学补水；果倍爽为无添加儿童果汁饮料，来自德国，主打 5~16 岁的儿童市场。

它们同样是引自国外的成熟产品，同样定位于饮料细分蓝海市场，同样都是与当时的饮料市场差异化极大的产品，也同样获得了巨大成功。

因此，在当下，做营销一定要卖出不同，做爆单品很重要。宝洁公司的"飘柔"品牌曾经实施的"大品牌"战略失败了，因为它试图满足更多消费者的需求（规模扩张）和满足消费者的更多需求（功能扩张）。后来，"飘柔"悄悄地再次回到其本来定位，即"柔顺洗发水"，才勉强保住了自己的生命。

2012 年 3 月，娃哈哈重磅推出启力饮料，但是该产品的推出并没有得到预期的反响，其中很重要的一条就是卖点太多。我们看一下该产品的卖点：喝启力，添动力；缓解体力疲劳，增强免疫力；牛磺酸、维生素饮料；喝启力，提神不伤身。一款产品似乎要将所有的优点囊括，消费者无所适从。

所以，一流的企业不是卖产品，而是卖不同，卖在消费者心目中的印象，正如：

- 王老吉卖"去火"
- 红牛卖"提神"
- 唯他可可卖"科学补水"

- 海飞丝卖"去屑"
- 沃尔沃卖"安全"
- 法拉利卖"速度"
- 宝马卖"驾驶的愉悦"
- 奔驰卖"尊贵"
- 闺蜜时空卖"魅力"
- 快乐理财游学苑卖"快乐赚钱"

……

说过饮料,再来说水。1998年,在娃哈哈、乐百氏以及其他众多的饮用水品牌大战已是硝烟四起时,刚刚问世一年多的农夫山泉显得势单力薄,但它却依靠赞助1998年世界杯迅速崛起,在短短几年内就抵御住了众多国内外品牌的冲击,稳居行业三甲,成功要素之一在于其差异化营销卖点——"有点甜"。这让消费者直观、形象地认识到农夫山泉的"出身"——泉水,形成美好的"甘泉"印象。"甜"传递了良好的品质信息,让人联想到了甘甜爽口的泉水。

说了农夫山泉,再来说乐百氏。乐百氏纯净水上市之初,就认识到以理性建立品牌认同的重要性,于是就有了"27层净化"这一理性诉求经典广告的诞生。

当年纯净水刚开始盛行时,所有纯净水品牌的广告都说自己的纯净水纯净。消费者不知道哪个品牌的水是真的纯净,乐百氏纯净水推出的广告强调,乐百氏纯净水经过27层净化,对其纯净水的纯净度提出了一个有力的支持点。乐百氏纯净水的这一特点给受众留下了深刻印象。很快,"27层净化"家喻户晓,给消费者一种"很纯净,可以信赖"的印象。

苹果公司在1997年已接近破产。"乔帮主"回归后,砍掉了70%的产品线,重点开发了4款产品,使得苹果扭亏为盈,起死回生。即使到了今天,iPhone系列也只有有限的几款机型,没有陷入"机海战术"的陷阱。

大道至简,越简单的东西越容易传播。专注才有力量,才能做到极致,而只有做到极致才能让用户尖叫。

案例 这家豆腐店凭什么一年卖 50 亿日元

2005年，日本京都的伊藤信吾接手了父亲的豆腐老店，但他不满足于"3块豆腐100日元"的卖法，打破了其家族几十年来做"标准豆腐"的传统，将店名改为"男前豆腐店"（意即"美男子豆腐店"）。这一改变为柔软的豆腐传播了硬朗的形象，让客户感受到了认知上的巨大冲击。

伊藤信吾从改变豆腐传统的四方形状着手，将豆腐的造型进行了改良，把过去易散易碎、方方正正的刻板的豆腐造型转换成独特的造型，如水滴形、琵琶型等。

男前豆腐还开发了各种玩具、流行歌曲、手机铃声，成为代表流行生活的发布者和传播者。男前豆腐打破了消费者以往对豆腐的认知，使其产生了好奇的心理，给消费者的认知和感官带来了很大的冲击。男前豆腐一下子从众多的日本豆腐品牌中脱颖而出，许多日本人买不到男前豆腐，还会预定购买。

这家豆腐店除了店名跟网站非常有趣之外，就连所有豆腐商品的命名和包装都走独特创意风：跟店名相同的"男前豆腐"、像桨一样的"吹风的豆腐店JOHNNY"、像饭匙一样的"吵架至上凉拌豆腐小子"（限定春夏）、以及"吵架至上汤豆腐小子"（限定秋冬）、男-TOMOTSU、用绿豆制作"OJOE豆腐"等。

这些豆腐的制作都是完全由手工完成的。其他一般豆腐店会卖的周边豆制品，男前豆腐店也都有，像豆乳的摇滚乐、厚炸豆腐队长、豆腐丸队长等种类可以说是应有尽有，甚至连与豆腐搭配食用的柚子醋和纳豆等都有售。

男前豆腐店选择的原料是比一般大豆价格高4倍的北海道大豆以及冲绳岛的苦汁，吃过的人都表示从未吃过味道这么浓厚的豆腐。而且，该店在包装上还特别为豆腐盒底层设计了隔水板，让豆腐和所渗出的水可以分开。

登录男前豆腐的官方网站,就会被这个新潮的网站深深吸引,因为它几乎把"男人味"做到了一个新的境界:该网站将"男前豆腐店"的商标图案制成了待机图案和Flash游戏,还做了故事连载,并发售该店的周边商品,提供各类人物的壁纸下载,推出原创CD,甚至将网站所出的独特歌曲制成可以下载的手机铃声,另有扭蛋玩具、流行歌曲和T恤衫等。尤其值得提到的是,就连日本的玩具大厂Bandai都主动找上门来,仿照其豆腐产品的造型制作出了扭蛋玩具,使该豆腐店的热潮蔓延到玩具上。

据统计,男前豆腐店2010年的销售额就已高达50亿日元,最多的一天可以卖8万盒豆腐!

你就是下一个有钱人

💎 创新商业模式

在今天，我们看到：百度干了广告的事！淘宝干了超市的事！阿里巴巴干了批发市场的事！微博干了媒体的事！微信干了通信的事！先进的商业模式会跨界打劫，干掉内行。

"管理学之父"彼得·德鲁克说："21世纪企业之间的竞争不再是产品与产品的竞争，而是商业模式之间的竞争。"

时代华纳前首席执行官迈克尔·恩也说："在经营企业的过程中，商业模式比高技术更重要，因为前者是企业能够立足的先决条件。"

当今企业间的竞争，毫无疑问就是商业模式的竞争，验证了上面二人的真知卓见。谁先走一步，走对一步，谁就有可能获得极大的增长。

企业要想获得长足的发展，必须注重商业模式的打造，建立起属于自己的商业模式。可以毫不夸张地说，企业的商业模式直接决定了企业的生死存亡，决定了企业的未来。

一、小米手机的赚钱模式

按照过去的运作模式生产手机，需要先自己准备一笔启动资金，再去购买设备，建设厂房，再研发设计，产品生产出来之后再去找渠道商，再去砸钱做广告，然后努力搞活动、做促销卖给消费者。如果资金不够，就去银行贷款，进行扩大生产。这种传统做法会越来越难以为继，往往利润率还赶不上银行的贷款利息！

小米手机的做法是先找到投资方，告诉投资方要用互联网思维做手机，无风险，回报高。拿到了投资之后，告诉消费者要做一个什么样的手机，配置是什么，价格是多少。找到了自己的消费者，就是拿到了订单。最后，再去找工厂生产，自己不需要工厂和设备。小米公司采用的就是这种轻资产、高增长的资本思维方式。

二、星巴克的赚钱模式

各个行业都可以有赚钱机会，关键还得看有没有办法巧妙地创新商业模式。比如说星巴克咖啡店。咖啡馆在西方已开了300多年，其数量早已数以万计，无数人都尝试过开咖啡馆，也赚过钱。谁会想到还有创造亿万富翁的机会呢？

美国人霍华德·舒尔茨（Howard Schultz）通过开咖啡馆成为亿万富翁，他拥有的财富是数十亿美元！他曾在星巴克工作，后于1985年离开并创办了自己的咖啡馆。1987年，他买下了星巴克的全部股份，并带公司上市。截至2015年12月24日，星巴克的市值是892亿美元，短短30年就创造出一个巨大的奇迹。

星巴克在全球约有13000家分店，一周销售4000多万杯咖啡饮料，每月销售差不多2亿杯，按每杯3美元计算，仅咖啡销售就是每月6亿美元。

几乎所有品牌都要花大钱做广告，但是，星巴克没有花过多少钱做广告，可它的品牌却是全球咖啡行业最响的。由于不花钱做广告也能有最好的品牌，所以它每卖出一杯咖啡的边际成本就很低，赚钱的空间就大了。

从一开始，星巴克就只选择在最繁华的市区交叉路口开咖啡店，醒目的位置给星巴克带来最自然的广告效果。全球化和全球范围内的人口流动，为星巴克这样的品牌连锁店带来了空前的机会。星巴克于1992年在纳斯达克上市，巩固了公司的品牌，增加了公司的知名度。

三、比尔·盖茨为什么富

比尔·盖茨是微软公司的创始人之一，拥有760亿美元（2015年）的财富。1986年3月，微软公司上市，那时他刚30岁，就成了亿万富翁！公司上市后，股票市场对微软未来的收入非常看好，愿意给微软的股票很高的价格。股市帮助盖茨把未来的收入提前变现，他今天的财富不是靠过去已赚的收入累计起来的，而是未来收入的提前贴现。

微软商业模式的特点是：一旦微软开发完成一个版本的Windows系统，那么，在5~10年内每多卖出一套Windows系统软件，就会多收入数百美元，可是其边际成本接近零，这数百美元几乎都是纯利润。每过5~

10年，微软公司会开发新的 Windows 系统，其赚钱效应又开始了一轮新的循环。据统计，微软公司 2015 年的年营业额接近 900 亿美元。

马化腾的腾讯公司也是这样：在 QQ 世界里，你可以为自己买一顶虚拟的帽子。为编写制作那顶帽子的程序，腾讯程序员可能要花一天时间，但编好后。卖一顶帽子是 1 元；如果 100 万人买，腾讯的收入就是 100 万元；如果有 1 亿人买，带来的收入就是 1 亿元。这些几乎都是纯利润，跟腾讯投入的成本关系并不大。

四、麦当劳靠什么赚钱

麦当劳的总裁克罗克提到，麦当劳真正赚的是房地产的钱，而不是快餐的钱。为什么这么说呢？

麦当劳的房地产生意不是独立的经营项目，而是与快餐密切结合在一起的。他们采取特许经营的方式，首先把一个精心考察过的店铺租下来，租期 20 年，跟房东谈好 20 年租金不变，然后吸引加盟商，把这个店铺转租给加盟商，并向每个加盟商加收 20% 的租金，以后再根据这个地产升值的情况，进行相应的递增。

现在，你是否明白了麦当劳的盈利模式了呢？没错，麦当劳所赚的钱主要不是出售快餐，其直接赢利也并非是经营快餐，而是来自于房地产的增值带来的租金差！这才是麦当劳真正厉害的盈利模式。

同样，我们从中可以看到商业模式所焕发出来的力量。

郎咸平是我国著名的经济学家，他曾经说过，"商业模式是关系到企业生死存亡、兴衰成败的大事。企业要想获得成功，就必须从制订成功的商业模式开始。商业模式是企业竞争制胜的关键，是商业的本质！"

商业模式是企业能够获取最大利润的系统组合，不仅使既得利润最大化，还可以自我拓展到更广的利润空间。说得简单一些，商业模式就是企业通过什么途径或方式来赚钱。

成功的商业模式包括"客户价值最大化""整合""高效率""系统""持续盈利""实现形式""核心竞争力""整体解决"八大要素，其中"整合""高效率""系统"是基础或先决条件，"核心竞争力""实现形

式""整体解决"是手段,"客户价值最大化"是主观追求目标,而"持续盈利"是客观结果。

商业模式的打造是一种创新,是企业根据自身的优势,结合外在的客观条件,寻找企业与社会之间的契合点,构建自我的利润源泉,不断地获得丰厚利润。我们身边的无数企业正是因为如此才获得不断的发展,最终获得成功的。

在《商界》举办的2014年第十届最佳商业模式高峰论坛上,一家名为"秒赚"的移动互联网广告平台获奖。秒赚的模式是基于移动终端的广告精准分配平台,将传统广告平台的主要广告收入拿出来向看广告的用户返利,以"看广告赚钱"的方式聚集用户、收集数据。然后,通过对用户地域、年龄、性别、爱好、工作等信息进行大数据分析,精准地分析出不同企业的潜在用户,从而实现广告的精准营销。

对于商家而言,广告内容自定,可以用商品冲抵广告费,而且是等用户看了广告之后再付费的。对于用户而言,通过碎片化时间"看广告",每天可收入10元左右,通过粉丝推荐注册机制,每天最高能收入上万元。这些收益既能提现,又可以在平台上兑换商品。

秒赚APP于2014年3月上线,并在上线后的18个月时间里聚集了2000万名注册用户,入驻30多万商家,平台广告交易额达30多亿元。

你就是下一个有钱人

案例 卖报纸的老人凭什么年入 18 万元

多年前,一位老人在工厂下岗了。下岗工资就那么少,生活的压力使得这位老人开始打算卖报挣钱。几经挑选,他发现 90 路车总站人流量大、车次多,于是选定在 90 路车总站卖报。

但是,经过几天蹲点,他发现车站上已经有了两个固定的卖报人。其中一个卖了很长时间了,另一个好像是车站里一位驾驶员的熟人。如果不做任何准备就直接进场卖报,一定会被人家赶出来的。于是,老人打算从车站的管理人员下手。

最初,老人每天给几位管理人员每人送份报纸。刚开始人家跟他不熟,不要他的报纸,他就说这是在附近卖报剩下的。车站管理员也不是什么大官,一来二去也就熟了。

这时,老人开始大倒苦水:儿子是残疾人;自己也下岗多年,在附近卖报销量不好,一天卖不了几份;马上,孙女就要参加高考了,高昂的学费实在是无力负担,孙女学习成绩那么好,如果不让她读书真的对不起她……

听他这么说,车站管理员就热心帮他出主意:"那你就到我们车站来卖报嘛。我们这边生意蛮好的,他们每天都能卖几百份呢。"有了车站管理员的许可,老人就光明正大地进场了。当然,老人不会忘记每天给管理员每人送一份报纸。

这样一来,车站上就有了 3 个卖报人,其中 2 个卖报人在车站的左右两边各有一个摊位。老人决定不摆摊,带着报纸到等车的人群中以及进到车厢里卖。

卖了一段时间下来,老人还总结出了一些门道:等车的人中,一般中青年男性喜欢买报纸;上车的人中,一般有座位的人喜欢买报纸,并喜欢一边吃早点一边看;有重大新闻时,报纸卖得特别多。

于是,老人又有了新创意。每天叫卖报纸时,不再喊"快报、晨报、晚报，5角1份，1元3份"，而是根据新闻内容来叫卖。果然，这一招十分见效！原先许多没打算买的人都纷纷买报纸。几天下来，每天卖的报纸居然比平时多了一倍！

同时，老人让妻子在车站摆了个小摊卖豆浆。旁边卖早点的摊点已经有四五家，但老人的老婆只卖豆浆，而且她的豆浆是用封口机封装好的。因为吃早点的人在车上通常没法拿饮料，封了口就不怕洒出来。结果，老夫妻的豆浆摊生意出奇得好！

半年后，车站上的一家报摊由于生意不太好就不卖了，于是老人就接下了他的摊位，支起了自己的报摊。但老人的经营思路又有了变化：他购买了政府统一制作的报亭，气派又美观；经营品种也从单一的卖报纸发展到卖一些畅销杂志，销量上了一层楼。

老人还会利用好卖的杂志搞一些优惠，比如说买一本《读者》送一份报纸，因为杂志赚得比较多。老人的女儿周末在肯德基打工，经常带回来一些优惠券。于是，这又成了老人促销的独特武器：买报纸、杂志，赠送肯德基优惠券一张。

同时，由于老人这个报亭有良好的地理位置和巨大的销量，很快就被可口可乐公司发现了。他们安排业务人员上门，在老人的报亭里张贴了可口可乐的宣传画，安放了小冰箱。于是，老人的报亭还能收一些宣传费，而且增加了卖饮料的收入。

就这样一直做了两年，老人每月的收入都不低于1.5万元，年收入超过18万元。随后，老人又有了新的目标，就是附近的有线电厂小区。老人打算在小区出口的小胡同里再开一家新的报亭，壮大自己的事业。

你就是下一个有钱人

设计免费模式

截至2015年12月,阿里巴巴公司的市值超过2100亿美元,但该集团做的很多业务都是免费的。免费是累积用户基础最容易的手段,有了大量用户才会产生大量客户。

现在,我们用的好多服务和产品都是免费的,比如QQ、微信、360安全卫士、360云盘、百度云盘等。这些公司提供了这么好的软件,还不断给我们更新、更好的服务,用户不用花一分钱。

当然,提供这些产品或服务的企业也不是无利可图的,因为有人为他们提供的这些产品或服务买单。比如,你免费获得的东西被附加了广告,一部分用户就会为了得到额外功能而付费,企业则用其中一部分费用补贴免费用户。因此,有时羊毛不再是出在羊身上,而是出在牛身上。

通过提供免费产品或服务来吸引客户,而后通过客户对其他产品的再消费来收费的模式在当前很常见。如:QQ免费,但是QQ秀是收费的;买1000元的IDC空间可以免费送域名;使用有道云笔记免费,但是要扩容空间就要收费了。

这就是通过对其中一部分人群实行免费,而在另一部分人群中实现收费的经营模式。现在有很多公司都是先通过"免费"策略聚客,再通过关联产品或服务收费。

你现在还用卡巴斯基、瑞星等杀毒软件杀毒吗?360公司推出免费杀毒服务之后,大量的用户都改用360杀毒软件了。360杀毒软件用免费策略锁定用户,迅速占领了国内杀毒市场的最大份额。

但是,在电脑上用免费的360杀毒软件时,人们有时会收到"您要下载360安全浏览器吗?"等一些弹窗。如果你同意下载,那么360公司就可以通过360安全浏览器把你的主页默认为360导航,获得大量的搜索广告费用以及其他网站支付的流量费用,还可以通过原理类似的软件管理器向一些需要推广的软件收费,并且通过庞大的流量吸引一些企业付费。比如360游戏可通过其积累的客户帮助游戏公司推广产品,获得收入。360安全卫士当年刚推出时只是一个安全防护产品,但现在已经发展为新兴的互联网巨头。

免费商业模式的出现本质上就是为了更快地圈人。而互联网应用的迅猛发展使得企业圈人的能力突飞猛进、快速深入、准确到人。只要活跃用户数量达到一定程度,就会开始产生质变,从而带来商机或价值。

雷军凭借"7000万用户,每个用户价值380美元"进行推算,得出"小米估值近300亿美元"的结论,并受到资本市场认可。许多互联网项目从诞生之日起就一直亏钱,但估值却不断增加,就是因为有其积攒的用户价值的支撑。

易趣曾是一家全国最大的电子商务行业领跑者,在中国市场上获得过90%以上的市场份额,而淘宝仅仅用了两年时间就夺取了超过70%的份额,并迫使前者进行战略重组。这也是奇迹,商业史上的伟大奇迹。因为淘宝改变了游戏规则,为客户提供了更多的价值。易趣是向卖家收费的,获利颇丰。可是,马云却宣布淘宝是免费的,这使曾经几乎垄断了国内C2C市场的易趣被免费的淘宝打得落花流水。

淘宝通过免费跑马圈地,在短期和前期付出了一些代价,但从长期看,后期的回报才是主要的。通过免费迅速笼络客户并建立起客户忠诚度,争取更多的市场份额,为后面的快速发展做好了铺垫。

海底捞为什么能成功?就是在许多细节方面做得非常好,如:在顾客等餐的时候,为其提供免费水果、免费茶水、免费美甲、免费上网、免费玩牌、免费手机充电、免费电动车充电、免费擦鞋等服务。顾客用餐时,送扎头发的皮筋、套袖、围裙、手机套、热毛巾等。更重要的是价钱公道、分量足,还能点半份菜,没吃没动的还可以退等。

很多人问海底捞的老板:"你这么做,成本增加很多,能赚到钱吗?"海底捞的老板说:"第一波客人只够我们保本,我们主要是赚后面等待客户的钱。"这就是先积攒用户,再考虑盈利,玩的是以"粉丝经济"为代表的"用户驱动"策略。

目前,海底捞自有APP已有40万~50万的下载量,公众账号大约有260万人关注,其网上订单(含微信、支付宝公众账号、百度直达号、官网、APP、贴吧等所有线上渠道)占订单总笔数的10%左右。

免费信息产品和服务边际成本低,生产第一份产品的成本非常高,但是生产此后的产品的成本可以忽略不计。这就是为什么软件公司、网络公司能提供免费和高性价比产品,股价还那么高的原因,也是软件公司和网络公司最容易出年轻富豪的原因。

还有就是功能性免费,在自己的产品上将其他产品的功能体现出来,让客户免费使用,如手机上附带了免费的相机、U盘等功能。

现在,看报纸的人越来越少,因为门户网站的新闻信息替代了报纸,互联网擅长信息传输,以文字、图片、音频、视频为主要传输方式的传统行业,都很容易被取代。

免费的商业模式还可以建立在"交叉补贴"上,如订购一个移动运营商的长期服务计划,就可以得到一部免费手机。类似的情形还有数字电视公司免费送机顶盒,为的是让你订阅付费频道。

通过免费聚集用户,再向用户提供增值服务,构建盈利模式。如:淘宝免费,支付宝的增值服务就让阿里获利极丰;小米用免费的MIUI吸粉,然后发展手机、游戏、应用,甚至相关产品等增值服务;携程机票用低价聚众,然后围绕用户发展酒店、景区门票、娱乐、租车等相关旅行增值服务。

案例 吃饭不收钱的餐馆竟然月赚百万元①

你见过吃饭不收钱的餐馆吗？见过吃饭不收钱却还能赚钱的餐馆吗？有个女孩就干了这么一个"奇怪"的生意，而且一赚就是上百万元！

一、背广告词吃饭免单，小餐馆巧计提人气

2007年，如同许多创业者一样，郑州女孩韩月遭遇了自己人生的第一次创业失败，与同学一起合作开的以面食为主的饭店由于资金问题面临停业。接下来该怎么做呢？

韩月首先想到了给饭店打广告。后来经询问同学她才发现，自己连广告费都掏不起。她开始抱怨那些媒体的广告费用太高。同学长叹一口气说："天下没有免费的午餐啊！你的餐厅如果免费，不用打广告也会人潮涌动。"

韩月苦笑了一下。突然，一个大胆的想法被同学的这句话启发出来：餐厅免费，人潮涌动，这不也是一种很好的宣传吗？自己的餐厅如果和广告结合起来，是不是很好的模式呢？

韩月回到饭店，在房间里坐了一下午，一个草案就迅速形成了。

她给饭店设置了两扇门，一扇是正常收餐费的门，一扇则是走地下消防通道的免费门。从正常收餐费的门进入，用餐场景与以前到餐馆吃饭没什么两样，吃多少饭就收多少钱。但是，她在免费的那扇门里却做了一个弯弯曲曲的走道，在两边的墙上挂满了广告位。她想：免费吃饭能大幅提高人气，有人气就能吸引商家来做广告，这样既能赚取广告费，同时也能带动收费餐馆的营业收入。

这个想法令她十分兴奋。一个人一旦有了某种成型的想法之后，就很容易迅速投入行动。韩月紧锣密鼓地准备了半个月之后，终于在当年9月份的一天清晨，打出了"本店吃饭免费"的牌子。

之前，她算过一笔账：如果限量提供免费餐的话，一份面的成本是

---

① 文章来源：中国商业地产策划网，http://www.sydcch.com/dichan/article/082843907.html

1.5元左右，每天从她的"九曲广告"回廊里经过的人如果有200个，那么每天超支三四百元。另外，她还要求每位就餐的客人必须在结账时背诵出3个广告才能免单。这样一来，广告的强大宣传效应就不言而喻了。

在此之前，韩月免费拉了很多广告放在自己的广告位上。由于她的餐厅位置还算不错，附近又有几家写字楼，她那里吃饭不要钱的消息很快就传遍了周边几幢写字楼和几个商场。有来这里看新鲜的，有来品尝的，也有冲着不要钱的午餐来的，韩月的饭店一下子火爆起来。一些排队排不上的客人也不想再换地方，干脆就直接花钱用餐。

二、桌椅工装都成载体，广告餐厅初见成效

免费用餐活动已经进行半个月了，效果要比想象的好，但是临时筹措来的几万元资金也一天天地赔进去，毕竟正常用餐的人还是不多，她几乎捉襟见肘。看来，广告不能再免费了。

于是，她又一家家跑去找那些已经免费登过广告的商家。可尽管韩月百般解说，他们就是不打算交费。结果，广告位一块块空出来了，韩月开始着急。

可没想到，没多久有部分商家开始主动找到她交费做广告，每块广告位从每月几百元到上千元不等。原来，这半个月来的广告终于收到了效果。有一家化妆品代理商说，自从在韩月的餐厅免费做了广告之后，不少女孩子跑过来问他们这款化妆品，甚至有几个对广告词倒背如流。

广告收益虽然多了，但是仅仅一个LED屏远远不能满足广告需求。对此，韩月早就有自己的想法：餐厅既然是以广告为主题的餐厅，那么每一个细小的角落里都应该体现广告的效应。她思索了好几天，终于想出了另外一些方法。

比如服务员的工装上，点菜的菜单上，甚至是盘子、碗以及桌面等，都是很好的广告载体。就这样，韩月的餐厅逐渐变成了广告的"天堂"，同时还获得了不少商家赞助的餐厅用品。

三、甘心做成体验店，将对手变成盟友

随着知名度越来越高，韩月在免费餐厅的花样上也做了改进。但与此

同时,餐厅的那一部分收费的业务反而受到了影响。

这一块也算是餐厅的主要收入来源,日益下滑的营业额让韩月觉得苦恼。2009年5月的一天,一位客人在韩月的创意餐厅用餐之后,提出了一个要求:如果不在韩月这里投放广告,能不能进行其他方式的合作?

恰巧,韩月正在为自己的收费菜品发愁,两者一结合,她想到了一个好主意,并提出了一个口号:你吃饭,他买单。其实,道理也很简单:去吃收费餐的顾客,如果你是某种品牌的消费者,那么只要你可以列举出此品牌的3条广告内容,并持消费此品牌产品的小票,就可以免费食用不同等级的饭菜;而韩月则凭借这些小票,与不同品牌的商家结算。

这个想法大大刺激了人们的消费欲望。3个月的时间里,韩月骑着自行车跑了数十个品牌商家。说起她的广告餐厅,大部分都觉得新鲜有趣,有一部分当场就与她签订了合同。

不仅如此,那个客人的思路也彻底启发了韩月。除此之外,她又开发出了"菜品尝新"服务,就是以自己广告餐厅的名义,与很多家饭店联合,只要是饭店一推出新的菜品,就可以放到她这里让客人免费品尝。当然,免费的前提还是以广告为基础。

同学的话事后果然得到了验证。韩月通过将广告公司的专业水准与现有的饭店业务相结合,收益多多。到2011年4月,她的财富便积累到了100多万元。与此同时,她的广告主题餐厅也越做越顺利。

谈起经历,韩月谦虚地说,其实她的成功只有四个字:敢想,敢做。

靠借力赚钱

- 用别人的钱赚钱
- "借鸡生蛋"八大技巧
- 没资本就要学会"空手套白狼"
- 借得越多,赚得越多
- 充分利用负债,会负债让你更有钱
- 买房是"房奴"彰显自我价值的愚蠢手段

你就是下一个有钱人

用别人的钱赚钱

著名经济学家于光远说：人有三种，一是天才，二是人才，三是蠢才。花大钱办小事是蠢才；花小钱办大事是人才；不花钱办大事是天才。在"零资产""零资源"的情况下，要学会少花钱多办事，不花钱也办事，花别人的钱办自己的事，实现从贫穷到富裕的跨越。

很多人都很佩服冯仑，说他很了不起。冯仑不是有了钱才有本事，他是因为有了本事才有了钱。

1991年，冯仑和王功权南下海南创业的时候，据说兜里总共才有3万元。3万元要做房地产，即使在当年的海南也是天方夜谭。

但是，冯仑想了一个办法。信托公司是金融机构，有钱。冯仑就找到一个信托公司的老板，先给对方讲了一通自己的经历，再跟对方讲了一通眼前的商机，告诉他自己手头有一单好生意，包赚不赔，说得对方怦然心动。然后冯仑提出：不如这样，这单生意咱们一起做，我出1300万元，你出500万元，你看如何？

这样好的生意，对方又是这样一个人，有这样的经历，有什么不放心？于是该老板慷慨地甩出了500万元。冯仑就拿着这500万元，从银行贷款1300万元，和王功权一起在海南炒卖房子，赚了300万元，这就是冯仑和王功权在海南淘到的第一桶金。

冯仑的说法是："做大生意必须先有钱，但第一次做大生意，又谁都没有钱。在这个时候，自己可以知道自己没钱，但不能让别人知道。当大家都以为你有钱的时候，都愿意和你合作做生意的时候，你就真的有钱了。"冯仑初到海南，尽管没钱，也一定要将自己和公司上下都收拾得整整齐齐，言谈举止让人一眼看上去就是很有实力的样子。

当然了，冯仑此前从政、从教的经历也给他增色不少，这恐怕才是他能取得他人信任的基础。

还有一个已经流传很久、很能说明"借力"重要性的故事：

有一位父亲对儿子说："我想给你找个媳妇。"儿子说："可我愿意自己找！"父亲说："但这个女孩子是比尔·盖茨的女儿！"儿子说："要是这样，可以考虑。"

然后，父亲找到比尔·盖茨，说："我要给你女儿介绍一个非常优秀的对象。"比尔·盖茨说："不行，我女儿想自己找对象！"这位父亲说："可是这个小伙子是世界银行的副总裁！"比尔·盖茨说："啊，这样的话可以考虑！"

最后，这位父亲找到了世界银行的总裁，说："我想给你推荐一位副总裁！"总裁说："可是我有太多副总裁了，不需要了！"这位父亲说："可是这个小伙子是比尔·盖茨的女婿！"总裁说："原来是这样，行！"

虽然这是一个杜撰的故事，但这个故事和冯仑的经历告诉我们一个道理：单凭自己的力量不能达到目标时，如果能巧妙地借用他人的力量，同样能实现自己想要的结果。

犹太法典《塔木德》里有句箴言："没有能力买鞋子时，可以借别人的，这样比赤脚走得快。"

犹太经济学家威廉·立格逊说："一切都是可以靠借的，借资金、借人才、借技术、借智慧。这个世界几乎已经准备好了一切你所需要的资源，你所要做的仅仅是把他们收集起来，运用智慧把他们有机地组合起来。"

人们常说：好风凭借力，送我上青云！借力是一种智慧。通过资源整合，巧妙地借助他人的力量，达到自己付出很少就能实现高利润的效果，达到事半功倍的结果。

在这里，跟大家分享一下行销大师杰·亚伯拉罕经常谈到的杠杆借力的3个原则：

第一，如果你想达成的目标已经有人做到了，你要找到这个人，向他请教、学习，会更容易成功！

第二，你想要做的事情和想达成的目标，一定也有人跟你一样想要做,想要达成。你要找到这些人,和他们一起努力,更容易成功!

第三,当你做成一件事情,达成一个目标后,一定有人因为你的成功而获益。你要做的就是找到这些人,告诉他们当你成功后,他们将获得怎样的好处。这样,他们就会来帮助你,让你更容易成功!

阿基米德有句名言:"给我一个支点,我就能撬动地球!"

学会借力,借别人的力,借工具的力,借平台的力,借系统的力!由此,你便找到了杠杆的着力点,去撬动想要的结果!

比如,你的房子是你攒够全部的钱才买的吗?绝大多数人买房的时候都只投资了20%~50%的首付资金,并以此为杠杆来撬动整套房产。

企业家一般是通过组织、运作杠杆来赚取利润的,资本家则完全是通过金融杠杆在赚钱。比如小米公司的雷军一直强调互联网思维,他也用金融杠杆倍增财富。小米公司数百亿的估值本身就是在一个巨大的杠杆的基础上实现的。

我国过去通过出卖廉价劳动力与便宜资源,快速、大规模地生产、制造外贸产品来挣钱,现在则是通过投资与金融来挣钱。"一带一路"和"亚投行""丝路基金"就是实现这一目的的手段。

在这个世界上,很多聪明人都在用别人的钱来创造更大的价值,而聪明人的钱也乐意流到聪明人那里去。

"借鸡生蛋"八大技巧

现在很多人一谈起投资理财，就以为是要先有了钱才可以开始的。其实不然。在这个千载难逢的大好时代，只要你有眼光和信誉，没有钱也是可以投资理财的。做投资理财不在于你有多少钱，而在于你能调动多少钱。你能调动的钱就可以假定是你的钱。

在这个世界上，任何一个不会借钱的人都不是投资理财的高手，任何一个不会借钱的老板都不是好老板。很多人遇到了很好的投资机会时，却仅仅是因为本钱不够而失之交臂。很多人以为第一桶金很难得到，需要长时间的积累或很好的运气。其实不然，快速获得第一桶金的最佳办法就是"借鸡生蛋"；要做到自己没有钱或钱不多时就去投资理财，也必须学会"借鸡生蛋"。

"借鸡生蛋"是所有投资者最好的赚钱方式之一。比方说，A 在年初借人家一只母鸡，在一年中下了 100 个蛋，到了年底，A 将鸡还给人家的时候，还拿 50 个蛋作利息给他，结果 A 就赚了 50 个蛋。但是，如果 A 不去借鸡，他能有这 50 个蛋吗？也许有人要问，人家的鸡一年能下 100 个蛋，为什么愿意把鸡借给 A 呢？这个问题问得好，道理在于：那只鸡的主人也许根本就不怎么会喂鸡。他如果自己喂，那只鸡也许一年只能下 20 个蛋。现在把它借给 A 之后，不但不需要自己喂养，而且多得了 30 个蛋，何乐而不为呢？

20 多年来，我试图找到一位没有借过钱的老板，但我一直没有找到。原来，再大的老板也需要借钱，并且越大的老板越需要借更多的钱，就算李嘉诚也不例外。打个比方：假定李嘉诚现在有 200 亿元的现金，但他现在看上了一个 400 亿元的项目，他会怎么做呢？他同样要去银行借 200 亿元，而不可能等到自己有了 400 亿元时再去上那个项目。因为等到他有 400 亿元的时候，那个项目早就被人家拿走了。正因如此，所以李嘉诚特别喜欢去银行借钱，因为他借了钱后可以赚更多的钱。而那些银行也非常喜欢将钱借给李嘉诚，因为把钱借给他既安全，数额又大。

当然，要想更顺利地去"借鸡生蛋"，就要注意以下八大技巧。

一、恪守信用，一个不守信用的人是很难借到钱的

我出身贫寒，在读高中的时候经常没钱吃午饭，上大学时也交不起学费，但我最引以为荣的是有生以来我没有一次借钱不按时归还的记录。所以，值得很多人信赖和有很多人值得你信赖是两笔巨大的财富！信誉是永不破产的银行！只要你有了信誉的品牌，借钱就会越来越容易。

二、要有良好的心态，要把借钱投资理财当作一件很光荣的事，不要有任何不好意思的感觉

很多人不好意思开口向亲戚朋友借钱，就是不明白"借钱光荣"的道理。为什么说借钱光荣呢？因为：

1. 一般的人只会用劳动赚钱，如果你会用钱赚钱，那你就是个不一般的人！

2. 不怎么聪明的投资者只会用自己的钱赚钱，只有聪明的投资者才会用别人的钱赚钱。

3. "借鸡生蛋"又不是白借，肯定是要付利息的，而且付的利息一定要比银行多，否则谁借给你呢？既然你付的利息比银行多，只要按时还本付息，那就是帮助别人致富啊！能帮助人家致富难道还不光荣吗？

三、不管借谁的钱都要付利息，哪怕是借你兄弟姐妹或者是丈母娘的钱

人与人之间的关系只有平等互利的关系最长久，所以不管借谁的钱都必须支付利息。当然，亲戚朋友之间1万元以内的小额借款可以不付利息，但也一定要尽量以各种形式向人家表示谢意。

因为你借钱是为了去赚更多的钱，所以付利息是天经地义的。因为绝大多数人都是趋利的，即使有再好的关系，如果人家觉得借钱给你不合算，你下次就很难借到他的钱了。我在1998年开始创业的时候，就有一个同学只把钱借给我而不借给他的哥哥，因为他的哥哥经常不付利息。

但因为受中国传统文化的影响，很多人借钱给亲戚朋友时不好意思要利息，甚至有些人讲哥们义气也拒绝收取利息。如果遇到这样的情况，就要千方百计想办法送相当于利息总额的礼物给对方，否则你以后借钱就没那么方便了。

四、利息不能付得太高，也不能付得太低，并随着你的实力和信誉度的提高而递减

在当今中国，因为金融业不发达，对于一个创业初期的人和中小企业的老板来说，到银行借钱是很难的。所以，向亲戚朋友和民间放贷人借钱成为了融资的主要来源。当前中国人民银行公布的贷款利息不是真正的市场价格，按这样的价格贷款通常是有价无市。真正的贷款利率是由市场按照供求关系决定的。

参照当前的市场行情，向亲戚朋友借钱以月利率1%～1.5%为宜。借人家的钱当然利率越低越好，但如果月息低于0.5%就很难借到钱了。而如果月息高于2%时，你就一定要仔细计算你投资的赢利能力。否则，将有可能给自己带来意想不到的投资风险。

当然，如果遇到特别好的投资机会时，在万不得已的情况下借一些短期的高利贷也是可以的，但一定要准确地把握你赚的钱是否一定可以比付出的利息多。

五、借钱时一定要向你的债权人说明用途及预期赢利能力

如果你向亲戚朋友开口借钱时，不说明资金的用途及投资的赢利前景，他们就不敢把钱借给你。因为他们只愿意支持你去干值得支持的事业。试想，如果你是借钱去澳门赌博，谁会借钱给你呢？

向债权人说明你的投资项目的赢利能力很重要。因为只有你在借他们的钱之后赚了更多的钱，他们才会感到更安全；如果你亏了，他们就不会感到那么安全了。

六、学会"化整为零"

不管你是要借10万元还是500万元去投资，你都要学会"化整为零"。比方说，3年前我教一个千万富翁家的保姆去借10万元到她雇主的

公司投资入股时，她就借了 30 多人才筹措到 10 万元，最多的一笔借了 1 万元，最少的一笔只借了 1000 元。试想，一个做保姆的如果一开口就向她的亲戚朋友借 10 万元，那说不定 1 万元也借不到。我 2003 年在湖南冷水江市收购一家国有企业时，也是通过"化整为零"才借到足够的钱的。

七、要不断积累"信用记录"

从来没有借过别人和银行的钱，和从来没有借钱不按时归还的记录只代表没有"不良信用纪录"，不代表有"良好的信用记录"。在我们这个时代，一个从来没借过钱的人是很难借到钱的，一个借钱不按时归还的人是更借不到钱的，只有经常借又按时还的人才最容易借到钱。经常借又按时还就代表有"良好的信用记录"。借钱的次数越多，借钱的金额越大，并且没有一次"不良信用记录"，就代表信用记录越好。

为了帮你建立起良好的信用记录，不妨在你暂时不需要钱的时候，去你周围的亲戚朋友那里尝试一下你借钱的能力，即使你借的钱暂时用不上，却可以帮你建立起你的信用记录。你的信用记录对你未来的投资理财一定是很有价值的！

八、最好向不怎么会喂"鸡"的人去借"鸡"

"借鸡生蛋"一定要看对象，最好是吸收社会闲散资金，向那些只会将钱存到银行的人去借。如果向商人和企业家去借钱，就不是社会资源的优化配置，因为那些人多数都是养"鸡"的高手，他们养的"鸡"比你养的"鸡"下的"蛋"还多，他们把"鸡"借给你就很难再增加更多的新财富了。当然，在你临时急用时向那些暂时有闲置资金的商人和企业家们借用几天还是可以的。

案例 普通大学生巧妙借力，轻松年赚20多万元

一、想成功就要懂得借力

一位很成功的老板曾经对我说过3句话，让我记忆深刻：

1. 一个人有多大的能量是没有用的，一个人懂得借助于多大的能量才有用。

2. 羡慕别人的成功是没有用的，懂得借力于别人的成功才是有用的。

3. 能够解决一个问题是没有多大价值的，懂得借力于会解决问题的人才是有用的。

下面就是一个杠杆借力的典型案例。一个普通的大学生通过杠杆借力，一年轻松赚到20多万元！

二、巧妙借力，搞定各方关系

刘灏呈是一所重点大学的大三学生，他商业头脑很活跃，也敢于尝试。他很渴望赚钱，但受能力、年纪、经验所限，尝试过几次之后都失败了。

这一次，刘灏呈看上了学校里新建的食堂三楼的一个空旷的大厅。

这个大厅旁边是一家隶属于学校的中档餐厅，这家餐厅的生意一直很一般。

当时，这个大厅闲置着，刘灏呈就想通过关系低价把这块场地拿下来。因为他们学校有几万名学生，虽说这个大厅比较高，在食堂的三楼，但如果宣传得当，他认为还是有学生愿意来的。

刘灏呈向我请教这件事，问该如何运用这块场地发展事业。

我问刘灏呈："你最擅长什么？"

"英语，我还是学校英语俱乐部的一个部长呢！"

"如果运用这块场地做一些与英语有关的服务，不失为一个好项目。"

"段老师，我该怎么做？难道搞英语培训？凭我的能力与力量，搞英语培训有很大难度。"刘灏呈迟疑地回答。

你就是下一个有钱人

"你可以通过杠杆借力的方式去轻松、安全地开启一个英语项目。"在我回答他的问题时,一个杠杆借力的合作方案在我心中浮现出来。

刘灏呈此时还不是很明白,他问到:"您的意思是,我去把场地先谈下来,再去找人投资?借别人的钱,找老师,再招生培训?"

"不,不是,借钱或找人投资是一个很低级的借力方式。"

我告诉他,这个项目的杠杆借力方案应该是这样的:

1. 首先解决场地问题,后勤主任最关心的一定是他的中西餐厅的生意。

你去跟后勤主任说,你有办法帮他把学生弄到三楼来吃饭,同时能给他带来生意,并保证每个月给他带来2万元以上的营业额,条件是免费使用那块闲置的场地。

2. 其次是项目内容,必须与外面的培训机构区分开来,因此需要重新定位英语培训。

刘灏呈可以拿这个场地干什么呢?我劝他不要用它来做任何商业行为,只是用于带领学校里的学生晨读英语。一种百人晨读英语的培训项目就可以诞生了。

3. 接着解决晨读英语项目的权威性与可信度,塑造独特的服务价值。

我劝刘灏呈找一个著名的培训机构合作(比如新东方),直接跟他们说,"我想帮你们招生,一个学期至少帮你们招100个学生。我的条件是:给我免费提供部分培训资料的视频和一名辅导老师。"

即:新东方提供一名老师,每周过来做一次或两次辅导,并带领同学们晨读英语。同时,晚上在这个教室里免费播放部分培训相关视频,为新东方做招生宣传。

4. 最后解决轻松招生的问题:让刘灏呈以部长的身份去找英语俱乐部的会长,并告诉会长:"我给我们协会找了一个定点晨读英语及开会、做活动的地方,同时可给您提供一个单独的办公室。我的希望是通过协会的力量招募晨读学生。协会成员可以免费参加,只需花5~10元吃早餐就可以了。"

5. 准备工作做得差不多了，开始向学生宣传："新东方老师带领您晨读！每天晨读一小时，轻松考过四六级。"

三、致力多赢，轻松年赚 20 多万元

方案制定后，我们一起来看一看案例中的每一个参与方的获益情况：

1. 刘灏呈通过英语俱乐部招到 300 名左右的学生，定价为每个学生每天早晨 8 元，按月收取费用。每个学生每月产生的毛收入在 4 元左右，一个月的毛收入为 300×4×22 天 = 26400 元（刨除周末休息日）。

2. 英语俱乐部免费获得了办公室与活动场所，提高了协会的形象。

3. 后勤集团每个月多收入了 4 元/人（刘灏呈与食堂约定的早餐价格）×300 人×22 天（假定平均每人每月来吃 22 次早餐）= 26400 元。同时还带动了三楼的餐厅生意，可提升约 20% 的营业额。

4. 新东方通过这个晨读活动与晚上的视频播放，在一个月内招到了 40 多名学生，一个学期招了近 200 名。这相当于新东方免费拥有了一个可以让学生试听、试读的场所，且不需要下力气宣传就可以组织学生来报名。

通过一年时间的运营，在刘灏呈大学毕业时，他赚到了 20 多万元（后面还推出了其他服务与项目）。他真正运用自己的力量，通过杠杆借力，利用简单的资源整合，轻松赚取了人生的第一桶金，从而轻松地走出了赚不到钱的困境，从而可以更加自信地面对未来的人生。

你就是下一个有钱人

没资本就要学会"空手套白狼"

提起"空手套白狼",有人马上就想到骗、想到诈,但这里讲的"空手套白狼"是指零资本创业、白手打天下、以小博大、四两拨千斤。用科学的语言来描述,就是通过独特的创意、精心的策划、完美的操作,在法律和道德规范允许的范围之内,巧借别人的人力、物力、财力来赚钱的商业运作模式。

10年前,温州人建伟早早就看中了投资房产赚钱这个行业,想通过炒房大赚一笔,特别是二三线城市房子的升值空间非常大,但是他又没有资金,该怎么办呢?

于是,建伟找到亲戚朋友借了30万元,然后果断出击。要知道,在前些年,二三线城市的房价也就是3000元~5000元/平方米,30万元就可以买到很不错的房子了。

他首先全款买房,拿到房产证后马上到银行办理抵押贷款。得到贷款后,迅速首付10万元,按揭买下第二套价值30万元的房子。过了一段时间后,他把两套房子都卖掉,每套房子升值10万元,那么他手里就有了80万元的资金。把亲戚的30万元还了,再把30万元的银行贷款还了,手头还有约20万元资金(建伟的自有资金足以支付买卖房屋的税费及利息)。

然后,他再用这20万元当作首付,买了两套价值40万元的房子(每套首付10万元),拿到房产证后继续向银行贷款,按揭买第三套、第四套房,就这样慢慢地买入更多的房子,卖更高的价格,不断到银行贷款,不断用钱为自己生钱。

当然,这种买房赚钱的模式现在已经不能再现了,因为它只适合在房价每年涨幅在10%以上或买下的房子可以很快以高出原价10%以上的价格卖出时操作;如果买下的房子不涨不跌甚至大跌,买房的人就惨了。比方说在2013年，我劝告我的一个本来已经拥有别墅的学生，要他不要再买入任何房子，特别是不要借钱买房投资。他没有听我的忠告，买入了2000多万元的房产，结果不到两年就破产了。

我本人从1988年9月开始在重庆杨家坪上大学（即现在的重庆理工大学），因家庭经济困难，经常缺少生活费。但在开学不久我就发现了一个商机：当时在重庆市面上4种粮票的价格各有不同，即全国粮票的价格高于四川省粮票的价格，四川省粮票的价格高于重庆细粮票的价格，重庆细粮票的价格高于重庆粗粮票的价格。而在学校膳食科，全国粮票和四川省粮票及70%的细粮票加30%的粗粮票的购买力是一样的，并且细粮票可以买粗粮，而粗粮票不可以买细粮。另外，特别值得注意的是北方人喜欢吃粗粮，而南方人喜欢吃细粮。

我发现这个商机后，立即着手借钱去全校每个班收购重庆粗粮票和细粮票，再与所有的新生交换全国粮票和四川省粮票，或者把买来的粗粮票与北方学生交换成细粮票，然后通通去市场卖了。可以说，在那4年里，我的多数生活费都是靠卖粮票赚的。

有了一个新的金钱观念，也许你的生活就会富裕起来；有了一个新的发财思路，也许你的资产就会快速增长；有了一个新的创意，也许会让你可以找到赚大钱的新路；有了一个新的点子，也许你可以用别人的钱帮自己去赚钱；有了一个新的招数，也许你就能出奇制胜，由普通人变成富翁。

无资本，靠动脑！下面9个"空手套白狼"的经典营销故事会为你提供广阔的赚钱思路。这些故事在业内流传很广，有些故事可能是杜撰的，不必深究，但都足以说明一个道理：赚钱一定有方法。

一、送2/3地皮给政府的精明商人

多年以前，美国某城30英里以外的山坡上有一块不毛之地，地皮的主人见地皮搁在那里没用，就把它以极低的价格出售。新主人灵机一动，跑到当地政府部门说："我有一块地皮，我愿意无偿捐献给政府，但我是一个'教育救国论'者，因此这块地皮只能建一所大学。"政府如获至宝，

你就是下一个有钱人

当即就同意了。

于是,他把地皮的2/3捐给了政府。不久,一所颇具规模的大学就耸立在了这块不毛之地上。聪明的地皮主人就在剩下的1/3土地上修建了学生公寓、餐厅、商场、酒吧、影剧院等,形成了大学门前的商业一条街。没多久,捐赠地皮的损失就从商业街的赢利中赚了回来。

二、买马戏票免费赠送花生

美国宣传奇才哈利十五六岁的时候在一家马戏团做童工,负责在马戏场内叫卖小食品。但是,每次看戏的人并不多,买东西吃的人则更少,尤其是饮料,很少有人问津。

有一天,哈利突发奇想:向每一位买票的观众赠送一包花生,借以吸引观众。但是老板坚决不同意他这个荒唐的想法。哈利用自己微薄的工资做担保,请求老板让他一试,并承诺:如果赔钱就从他的工资里面扣;如果赢利了,自己只拿一半。老板这才勉强同意。于是,以后每次马戏团的演出场地外就多了一个义务宣传员:"来看马戏喽!买一张票免费赠送好吃的花生一包!"在哈利不停的叫喊声中,观众比往常多了好几倍。

观众进场后,哈利就开始叫卖起饮料来,而绝大多数观众在吃完花生之后觉得口渴,都会买上一瓶饮料。这样一场马戏下来,营业额比平常增加了十几倍。

其实,哈利在炒花生的时候加了少量的盐,这样花生更好吃了,而观众越吃越口渴,饮料的生意自然就越来越好了。

三、总统与书

某国一个出版商有一批滞销的书久久不能脱手,便给总统送去一本,并三番五次地征求总统的意见。

忙于政务的总统没有时间与其纠缠,便随口应了一句:"这本书不错!"出版商如获至宝般地大肆宣传:"现在有总统先生喜欢的书出售。"于是,这些滞销的书不久就被一抢而空了。

不久,这个出版商又有书卖不出去了,于是又送给总统一本。总统上了一回当,想奚落他们一下,便说:"这本书糟透了。"没想到,这个出版

商听后大喜,打出广告:"现在有总统讨厌的书出售。"结果,不少人出于好奇争相购买,图书随之脱销。

这个出版商第三次将书送给总统的时候,总统接受了前两次的教训,不置可否。这个出版商却又借此大做广告:"现在有总统难以下结论的书出售!"他居然又一次大获其利。

四、效益斐然的"馊主意"广告

美国德克萨斯州的宾克桑斯货运公司为了扩大知名度,曾经在广告宣传上煞费苦心,但是效果不佳。因为货运这种枯燥无味的内容对于娱乐至上、消费第一的美国平常百姓来说,简直就是对牛弹琴。无奈之下,他们找到了新闻界的一位朋友,请他出谋划策。这位新闻人士说,广告内容的设计最好能与美国人的日常生活相关。于是,他们想到了结婚,这是普通人最感兴趣的事情之一。

后来,公司与当地著名报纸协商,在一篇关于本地夫妇旅游结婚的报道的顶栏处做了这样一个广告:"他们在货车上度蜜月,相爱4.5万公里。"

广告登出的第二天,立刻就在读者中传开了这样一个话题:"谁想出来的馊主意?新婚夫妇在货车上面度蜜月!""还有谁,就是那个宾克桑斯货运公司!"从此,这家公司闻名遐迩,效益斐然。

五、总统"难产",大赚银币

在美国举行的第54届总统选举中,候选人布什与戈尔得票数十分接近,最后由于佛罗里达州的计票程序引起了双方的争议,因此导致新总统迟迟不能产生。

原计划发行新千年总统纪念币的美国诺博·斐特勒公司面对总统"难产"的政治危机,灵机一动,化危机为商机,利用早已经准备好的布什与戈尔的雕版像抢先发行了4000枚。银币为纯银铸造,直径为3.5英寸,不分正反面,一面是小布什的肖像,一面是戈尔的肖像,每枚银币的订购价为79美元。

结果,短短几日,纪念银币就被订购一空,该公司利用总统"难产"的商机大赚了一笔。

你就是下一个有钱人

六、鸡蛋握在女人的手里

摩根是美国的大富豪,他年轻时携妻子闯荡美国之际还是个穷光蛋。为了生计,他和妻子开了一个杂货店卖鸡蛋。摩根卖鸡蛋时,常常有顾客抱怨说他的鸡蛋小。

经过一段时间的观察总结,他便让妻子来卖鸡蛋。结果,顾客不仅不嫌鸡蛋小,反而对摩根的印象和态度也大大改观了。原因就在于,摩根的手又大又粗,使得鸡蛋相比之下就显得有些小了。

同样一个鸡蛋,放在女人纤细的手里和男人粗壮的手里,在购买者的视觉上,鸡蛋就不是同一个鸡蛋了。

七、打捞高尔夫球赚得百万

美国人吉姆·瑞德偶然发现,高尔夫球会因球手的失误而掉进湖里,他灵机一动潜入湖中,却意外地发现湖底有成千上万只高尔夫球。

于是,他开始打捞。一开始,他只是自己一个人干,后来打捞的人多了,他就转行收购这些旧球,洗刷干净,重新喷漆,然后再包装出售。

现在,他已经拥有了一家属于自己的高尔夫球回收公司,一年的总收入已经达到了800多万美元。

八、不淘金、专淘水的小农女

19世纪,美国加州发现金矿的消息使得数百万人涌向那里淘金。其中,有一位时年17岁的小农女雅姆尔也在其中。那时候,加州水源奇缺、生活艰难。大多数人没有淘到金,小雅姆尔也没有。

不过,细心的雅姆尔却发现远处的山上有水。于是,她在山脚下挖沟引渠,积水成塘。她将水装进小木桶,每天跑十几里路去卖水,做无本的生意。淘金者中有人嘲笑她放着金子不淘却去卖水,但她不为所动。

许多年过去了,大部分淘金人空手而归,而雅姆尔却获得了6700万美元,成为当时为数不多的富人之一。

九、一批小树拯救旅馆

美国纽约州有一家三流旅馆,生意一直不是很景气,老板无计可施,只等着关门了事。后来,老板的一位朋友指着旅馆后面一块空旷的平地给

他出了个主意。

次日，旅馆贴出了一张广告："亲爱的顾客，您好！本旅馆山后有一块空地专门用于旅客种植纪念树之用。如果您有兴趣，不妨种下10棵树，本店为您拍照留念，树上可留下木牌，刻上您的大名和种植日期。当您再度光临本店的时候，小树定已枝繁叶茂了。本店只收取树苗费20美元。"广告打出后，立即吸引了不少人前来，旅馆应接不暇。

没过几年，后山树木葱郁，旅客漫步林中，十分惬意。那些种植的人更是念念不忘自己亲手所植的小树，经常专程来看望。一批旅客栽下了一批小树，一批小树又带回一批回头客，旅馆自然也就顾客盈门了。

你就是下一个有钱人

案例 童装店巧用杠杆借力，稳赚 300 多万元

2011 年，李铁红还只有湖南邵阳的唯一一家"妙趣童年"童装店。她苦苦经营 2 年，却一直没有利润。

李铁红一开始在一家服装厂工作，做了近 5 年时间，终于积攒了几万元。于是她开始找铺面，每天在网上看哪里有服装加盟、代理、转让的信息，然后打电话问价格、看位置。

最后，她终于在自己的家乡邵阳找到了合适的铺位。刚开始，一天的营业额有 3000 多元，除去房租、水电，月收入 1 万多元是没问题的。可是，后来附近的服装店越开越多。顾客的选择多了，服装价格也因为竞争直线下降，导致她的服装店每天的营业额有时候还不到 1000 元。

后来她发现，周围的店主换了又换，原因是年轻父母们已经习惯于在网上购物。对实体店来说，这简直是雪上加霜。

不久后，李铁红也开个了淘宝店，同时经营自己的实体店。她自己和营业员都要经常试穿衣服，并充当服装模特，拍照后把照片上传至店铺页面。同时，她还抽时间学习做网店装修、发货等。

但这样一来，她就要同时应付店里的客人和网上的客人，忙得不可开交。有了货源和物流，于是她也想开淘宝商城。可是，这时淘宝出了新规，将年费调到 3 万~6 万元，将保证金调到 1 万~15 万元。这一调价对于这种小店主来说，真的很无奈。

折腾了大半年后，由于价格太透明，顾客压价压得太低，她的淘宝店的月利润只不过 6000 元左右，还累折了腰，实在看不到发展前景。

就在这时，李铁红参加了长沙快乐理财游学苑的培训。在老师的指导下，通过杠杆借力技术，她确定了童装连锁拓展方案。以下是她的童装店采用的几个重点策略和技巧：

一、加大店面宣传力度，吸引顾客进店

她没有使用打折优惠、清仓大甩卖等招数，而是让自己的店员做模特，

自己设计广告宣传单，不同的宣传单上都设计了一个爆款产品。这些爆款产品的价格非常便宜，质量非常过硬，再加上漂亮帅气的模特做衬托。

除了在宣传单上打造爆款产品外，还在每一期宣传单上设计了一个超强"鱼饵"，比如"凭宣传单可以到本店免费领取一个价值10元的儿童玩具"，甚至还搞过珠海一日游、桂林一日游之类的抽奖活动。这样做之后，效果非常显著，门店开始热闹起来。对于来的客户，她都会把其姓名、联系方式留下来，建立自己的客户数据库，以便日后跟进追销。

二、训练营业员的追销能力

这位女老板的店曾有一个特别好的爆款产品：一款通过关系渠道低价拿到的名牌裙子，价格很诱人。当客人买单的时候，销售员会说："大哥/大姐，这条名牌裙子很适合您的孩子，多漂亮呀！原价120元，因为您买了这么多衣服的缘故，同时我们在做活动，您可以享受8折优惠。现在只剩下5件了，您看是不是也要把它拿下？"实践证明，有30%以上的客户会做出购买的决定，这样就带来了较大比例的营业额。

三、利用赠品追销

在客户买完单的那一刻，她又给了客人另一个意外惊喜：送12双袜子，每双袜子原价10元（实际成本只要3元/双），现在完全免费。但在送的时候，她会告诉顾客：因为领的人太多了，没有这么多库存，所以只能每个月送一双；现在先送您一双，请把联系方式留下来；每月到货了，会发短信通知您过来取。而顾客上门领取礼品的同时，他们就会浏览、试穿店里的衣服。所以，这就达到了让客户重复上门消费的目的。

四、积分卡变现金卡，通过现金返利锁定客户

很多店都在使用会员卡、积分卡，这家店则使用返利卡。就是说，客户只要购买了商品，都会有5%的返例。比如，客户消费500元，就会给他的卡返利25元，这25元可以当现金使用。客户每次消费后，都会把卡上的余额用标签贴在他的卡上，以便时刻提醒客户卡上还有钱，可以去消费。

五、与淘宝学校/学院合作，拓展淘宝店

李铁红所住的街道上有个职业培训学校，她就应邀给电子商务班的学

生讲授如何在淘宝创业、如何选择服装细分市场、如何做美工、如何写文案、如何做服饰搭配等课程。短短3个月，在她的帮助下，就有30多家淘宝店正式运营起来，她利用周末时间与学员一起学习摄影、相互做模特。在合作的过程当中，学员不担心货源、不担心物流，更不需要备很多货。他们只需做推广、做客服。客户订购产品后，由李铁红的实体服装店来发货，学员完全不用操心，每过半个月，她会给学员发放提成。

经过2年的努力，李铁红在湖南娄底、邵阳、怀化、湘潭、张家界和江西南昌、四川广元、贵州凯里等地开设了16家连锁店，年营业总额达1000万元以上，年总利润达到300多万元。

借得越多,赚得越多

分享一个故事。有个穷人,因为吃不饱、穿不暖,在佛祖面前痛哭流涕,诉说生活的艰苦:他天天干活,累得半死,却挣不来几个钱。

哭了半晌,他突然开始埋怨道:"这个社会太不公平了,为什么富人天天悠闲自在,而穷人就应该天天吃苦受累?"

佛祖微笑着问:"那要怎样你才觉得公平呢?"

穷人急忙说道:"要让富人和我一样穷,干一样的活。以后如果富人还是富人,我就不再埋怨了。"

佛祖点头道:"好吧!"说完,佛祖就把一位富人变成了和穷人一样穷的人,并给了他们每人一座煤山。他们每天都要挖煤,并可以把挖出来的煤卖掉,用于买食物等生活必需品。但是,佛祖限他们在一个月之内挖光煤山。

于是,穷人和富人一起开挖。穷人平常干惯了粗活,挖煤对他来说是小菜一碟。他很快就挖了一车煤,拉到集市上把煤卖了,有了一些钱。他把这些钱全买成了好吃的,并拿回家给老婆、孩子解馋。

富人平时没干过重活,挖一会、停一会,累得满头大汗。到了傍晚,他才勉强挖了一车煤。他拉着煤到集市上去卖,但只用换来的钱买了几个硬馒头,把其余的钱都留了起来。

第二天,穷人早早起来开始挖煤,富人却去逛集市。中午时分,富人带回了两个穷人。这两个穷人膀大腰圆,二话没说就开始给富人挖煤,而富人则站在一边指手画脚地监督着。只一上午的工夫,富人就指挥那两个穷人挖出了好几车煤。富人把煤卖了,又雇了几个帮手。一天下来,他除了给工人开工钱,剩下的钱比穷人赚的钱还多好几倍。

一个月很快过去了。这时候,穷人只挖了煤山的一角,他把每天赚来的钱都买成了好吃、好喝的东西,基本没有剩余。而富人早就指挥工人挖光了煤山,赚了不少的钱。他用这些钱投资,做起了买卖,很快又成了

富人。

结果可想而知：穷人再也不抱怨了。

富人为什么能致富？就是善于借力。成功不在于你能做多少事，而在于你能借多少人的力去做多少事！

聪明的人都是借助他人的力量达到自己的成功的！凡成大事者，都是借力的高手。谁敢说，他的成功不需要借力？谁敢说，他的成功中没有借力？他们敢借、能借、会借、善借。

一些很成功的人，他们的能力并没有多强，但是却能一次次地达成目标，这是因为他们以结果为导向：自己的能力不够，谁有这个能力就整合谁作为资源，从而拿到成果。

95%的人用自己的能力给别人打工，5%的人整合别人的能力为自己打工，这就是普通人和成功者的区别。所以，老板之所以赚大钱，就是他具备借用更多有能力的人的资源的能力。可能你的问题别人都经历过，他点拨一句你就全懂了；给你介绍一个客户，困难就度过了；对接上一个项目，危机就化解了；给你介绍一个重要人物，你就腾飞了。

出身贫寒、运气不佳、资源短缺，这都不是你的错。领悟借力的思想，学习借力的方法，掌握借力的技巧，从此你便开始走向成功！如果你还没有借力，那我告诉你：借得越多，赚得越多。

我有一次参加一个中小企业经济论坛，其中十几位各行各业的精英都慷慨激昂地分享了创业经历。很多话现在早已记不得了，但唯独主持人最后的一句总结发言让我记忆犹新。他说："读懂《三国》就一个字——借"。

"君子生非异也，善假于物也。"古人告诉我们：条件不足，可以"借"而成事。许多人想创业，因为没有资金而望而却步；许多人在创业初期求"资"若渴，为了筹集启动资金，不知如何是好；有的干脆就放弃了，实在可惜。

聪明人都是通过别人的力量去达成自己的目标的。借船出海，借风行船，借智生财，借梯上楼，借台唱戏。谁善于借别人的长处和优势来弥补自己的短处和不足，谁就能在激烈的市场竞争中游刃有余、出奇制胜。

充分利用负债，会负债让你更有钱

普通人和富人的最大差别，不在于现在手上有多少财富，而在于如何对待手中的财富。普通人往往都是辛辛苦苦挣钱，再把钱放到银行存起来，然后再继续努力去挣钱。就是说，始终是人忙着，钱却闲着。

中国人注重存钱，怕欠债，以欠债为耻。俗话说，"无债一身轻"，大部分人听到"借钱"这两个字的第一反应是拒绝的。"负债"几乎等同于一个绝对的贬义词。

事实上，适度的房贷、车贷、信用卡透支，在控制成本及风险的基础上，合理规划和使用我们的融资工具，理性借钱举债，也是帮助我们提前实现生活梦想、扩大家庭资产以及降低创业门槛的一种有效方式。

有一个故事曾经非常流行：有一天，一个中国老太太和一个美国老太太在同一天上了天堂。在天堂门口遇见之后，她们各自谈论起自己最开心的事情。中国老太太说："昨天，我终于攒够买房子的钱了。虽然我没能住上一天，但可以把它留给子孙后代，还是觉得很幸福。"而美国老太太觉得，最开心的事情是昨天终于还清了购房贷款，可以无牵无挂地离开了。

美国老太太虽然刚还完贷款，但是通过负债，享受了一辈子的住房。而中国老太太虽然把钱攒够了，却没有享受过一天新房子。

这个故事反映了两种截然不同的生活理念和方式。虽然这两个老太太都拥有了足以购买属于自己的房子的资本，但是两者所享受的生活却大不一样。

要想真正获得高品质的生活享受，就要改变观念，懂得花钱消费，敢于大胆负债，通过负债提前享受高质量的生活。因为，人生不仅要看结果，更要看过程。

"如果你想成为一个比别人更有钱的人，那么一个有效途径并不是管好你的资产，而是适当地做大你的负债。"有人这样说。

我们可以根据自身的情况，在具备一定基础的条件下，一边赚钱，一边以举债的方式获得更多的资本金，把不属于自己的钱也调动起来为自己服务，即"借鸡生蛋"。在风险可控的基础上，我们的生活质量无疑可以获得显著的提升，做到"好债也能一身轻"。

越是有能力的人，越是想着如何去借钱，用别人的钱来实现自己的财富梦想。比如说信用卡，长期来看只要在免息期内还款就可以从银行免息贷到一笔钱。如果我们的能力足够强，银行甚至可以给我们很高的额度。比如我的白金卡，透支额度是 6 万元，相当于没有任何成本，我每个月就有了 6 万元资金可供周转。如果我再活几十年，那就相当于银行白白把这 6 万元送给我使用几十年，还不用我负担任何费用。

假设房子的价格是 100 万元，我们辛辛苦苦积攒了 100 万元，我们是用这 100 万元全款买一套房，还是每套首付 20 万元买 5 套房子更好？在房价上扬的时代，怎样算都是后者更加有利。所以说，选择消费贷款，实际上就是学会利用个人信用，利用负债更快地获得财务自由。

负债没有错，错的是超出自身承受能力去负债，全然不顾自己的实际偿还能力，盲目超前消费，陷入债务的困境中。那样一来，就会失去金钱、自由和欢笑，甚至还会失去信用和感情。

毫无疑问，这样的负债绝对是不可取的。需要特别提醒的是：在没有百分之百把握可以通过借钱来赚到钱的前提下，对于每个人来说，负债率尽量不要超过 300%，即总负债不要超过自己净资产的 3 倍。不过，在总负债少于 100 万元时，这个比例可以适当放大。

用别人的钱来赚钱，"借鸡生蛋"，大部分收益却可以纳入自己的囊中。利用银行贷款来进行房产投资就是一个最深入人心的例子。支付一定比例的首付，以申请银行贷款的方式扩大了投资的基数。对于银行来说，收回的仅仅是固定的本息还款，而大部分的房产增值收益则属于房产投资者。

美国亿万富翁丹尼尔先是通过别人担保从银行贷款，购买了一条普通的旧货船，改装为油轮后租出去。然后，他又以这条船作为抵押，到银行贷款买船进行改装后出租。如此这般，丹尼尔不停地贷款、买船、改装、出租、抵押，生意越做越大。每当他还清一笔贷款，就意味着有一艘船名正言顺地成为了他的私有财产。他没有花费一分钱，便成了一艘艘轮船的主人，拥有着世界上最大的私人船队。

从经济学的角度来说，最快的经济增长方式莫过于"借鸡生蛋"了。养"鸡"的人都是聪明人，他们之所以肯把"鸡"借给你，是看中了你能帮他把"鸡"养得更肥，而且还会生一群"小鸡"。所以，要"借鸡生蛋"，就要做个聪明人。

早在20世纪60年代，沃尔特·迪士尼为解决资金问题，就游说福特、奇异电器和百事可乐，让它们掏钱来迪士尼乐园建设有创意的娱乐项目。迪士尼乐园就是这样发展起来的。

如今，迪士尼乐园作为全世界旅游主题公园的典范，不断扩张，打造新的迪士尼乐园，被称为"永远建不完的迪士尼"。"用别人的钱来发展自己"是迪士尼的名言，成为他创业中的精神支持和重要策略。

普通人宁愿花时间去积累第一桶金，待财富积累到一定的水准，再去创业、去投资、去消费，也不愿意借别人的钱来创业，眼巴巴地看着商机从眼前溜走，自己却无能为力。

所以，富人越来越富，穷人越来越穷。穷人不敢借钱，于是银行把大量的金钱借给富人，富人用这些钱来投资房产，把房子租给穷人；富人投资建厂，让穷人为自己工作。

普通人是为钱服务，富人则是让钱为自己服务。负债并不可怕，要善用负债，只要你的负债是良性负债而且你能控制负债的风险，就可以利用负债创造财富。

借钱当然要还，只是你要学会运用还债的时间差，这个时间足够让你去撬动更多的财富了。这就是金钱运作的秘密，用负债缩短我们与成功之间的距离，用负债的杠杆作用帮助我们获得扩大化的收益。

只要控制好风险，做一名安全的"负翁"，并充分利用好负债，就一定可以早日实现致富梦想。

你就是下一个有钱人

案例 他是如何卖大闸蟹"期货"的

张德洪是苏州市阳澄湖三家村蟹业有限公司的掌门人,也是杭州最大的阳澄湖大闸蟹销售商。

他在杭州有10家门店,2009年就卖掉了800万元的阳澄湖大闸蟹。再加上浙江其他地区的10多家专卖店和苏州的两家"蟹之家"酒店,整个公司的年销售额超过2000万元。如今,他的阳澄湖大闸蟹专营商家已达到40余家。

张德洪的财富秘密是什么?

张德洪到杭州的第二年,就开始售卖大闸蟹"期货",也就是提前销售,锁定老客户。他在大闸蟹捕捞前的一个月,就在门店内发售预售券。顾客买券后,到大闸蟹上市时可凭券提货。提前买券,还能享受到上市时没有的折扣。

这个营销技巧出奇地好。2009年的800万元销售额中,最少有40%来自"期货"。

阳澄湖大闸蟹上市后,价钱不同寻常,不愁销路,更不会打折。张德洪卖优惠券的好处是:①提前抓住了老客户;②可以避免到时打捞上来后,顾客集中购买,工作调配困难;③发售预售券,提前拥有了大量资金。

为什么呢?如果你手上本来只有100万元现金,你就只能做100万元的生意,但通过提前一个月销售预售券,能从客户手中收到320万元的现金,这样就能做420万元的生意。相比之下,预售券对客户优惠后的让利损失,又算什么呢?

现在,杭州几乎所有的大闸蟹专卖店都开始发售"期货"了,正是张德洪引领了这个风潮。

没有这种前端让利,哪来的后端暴利?这也是为什么张德洪能够在短短几年之内,从一个小小蟹农变成一个拥有几十家专卖店的老板的生意经。

买房是"房奴"彰显自我价值的愚蠢手段

我在《普通百姓的致富之路在哪里》一文中早已简单论述过"对于想投资、理财、创业的人来说,为什么买房住不如租房住",看过此文的很多人"如梦初醒"。

在我们国家,因为文化上的差异,很多年轻人(尤其以女性为最)都认为:要结婚就一定要买房子,只有买了房子才觉得稳定,才有安全感,才有成就感。很多有创业能力的年轻人,把本可以用于创业的"起步资金"用在购房上。当遇到了那些可以改变命运的至关重要的投资机会时,仅仅是因为没有资本而望洋兴叹。很多买了房的人没有得到预期的幸福,还有些人甚至为了还房贷,沦为长达30年的"房奴"!

在当今房价畸高的形势下,很多购房者不但因为买房失去了创业资金,而且不得不每月匀出更多的钱用于还贷,那就只能节衣缩食,降低生活质量。这些传统的消费观念是当前中国"房奴"遍地的主要原因。

很多人不把通过投资理财让收入大幅度提高当作稳定安全的依靠,而只把拥有自己的住房当作稳定安全的港湾。殊不知,"更高的收入才能让你有更加自由而体面的生活,'房奴'在脱身之前永远没有尊严可言!因为你非常担心收入降低、生病,尤其是失业,所以在工作中难免委曲求全,在生活中得过且过。"

下面的例子可能会对你有所启发。

2011年,在北京回龙观有个出租车司机,他有一套市值240万元左右的房子(90平方米)。他每天辛辛苦苦地开出租车,弄得全身都是病,一个月才有4000元左右的收入,一家三口就靠他一个人赚钱。在北京,全家三口每月只有4000元可以开支,艰难程度可想而知。

你就是下一个有钱人

后来，我给他出了一个金点子，要他不要过分关注"所有权"，只要关注"使用权"和"收益权"就可以了。因为即使是世界首富比尔·盖茨到中国来访问，也不会自己买架飞机开。只要他坐的是豪华的包机，并且能安全地到达中国，至于那架飞机属不属于比尔·盖茨，他从来不去关心，他也用不着去关心自己下了飞机之后那架飞机谁去坐。在市场经济时代，我们每个人都有理由去充分享受市场给我们带来的便利和好处。

通过这么一说，那个出租车司机采纳了我的建议：把房子作价 230 万元卖了，然后通过朋友在附近租了一套市值 400 多万元的房子住（150 多平方米），租金才 6800 元/月。也许你会问，他一个月的收入才 4000 元，怎么可以去租一套 6800 元/月的房子住呢？你问对了！这个金点子还有一半没告诉你。其实，我教他找房东时一定要找个有实力并且很需要现金的中小企业老板，没想到他真的很快找到了（其实多数中介公司完全可以给你提供这样的服务）。这个房东正好是一个拥有几千万资产的老板（其实这样的老板在北京太多了）。他的企业发展得很快，虽然他有好几套房子，但就是缺少流动资金。这套市值 400 多万元的房子早已经抵押给银行了，现在还差 150 多万元没有还清。所以我教那个出租车司机在租下这座房子 10 年的同时，把自己的 230 万元中的 200 万元（留了 30 万元做零用钱）按月息 1.2% 借给了房东（借款期比租期至少要短半年，但借款合同可以 2 年一签），然后用这个租住的房子在房地产管理局做了二次抵押登记。这么一改变，使他在住房条件大大改善的前提下，每月收入却增加了 17200 元（$2000000 \times 1.2\% - 6800 = 17200$），从此全家过上了好日子。

其实，我本人 2008 年到长沙开公司的时候，也是租房子住。当时，我租了一套 180 多平方米、带精装修和全套家具的房子，市值 120 多万元，租金才 4000 元/月。我的房东也是个经常缺钱的大老板，他首先找我借了 20 万元，月息 2%。也就是说，我花 20 万元的利息收入就白住了他 120 多万元的房子，多么合算啊！后来，我通过进一步的了解，发现他确实是个很会赚钱的千万富翁，而且完全符合我放贷的 6 个要件，于是我又借了 200 万元给他，直到 2011 年年底我去租别墅住时才停止与他合作。后来我粗略一算，发现我在他家白住了3年，他还给我付了100多万元的利息呢！

另一个典型的案例是：我在长沙有两位朋友，他们打工多年，好不容易各挣了50多万元钱，找了女朋友准备买房结婚。我建议他们暂时不要买房做"房奴"，要学会投资理财，提高生活质量。他们两个都非常赞同我的观点，但其中的一位朋友的女友坚决要买，认为不买套房子就没有安全感，就要和他分手。结果，他拗不过女友，就付了50万元的首付，在长沙湘江世纪城买了一套100万元的住房，成了欠债50万元的"房奴"。而且，他每天要在路上来回颠簸2个多小时去长沙汽车南站附近上班。

而另外一位朋友采纳了我的建议，把50万元按月息1%（利息5000元/月）暂时借给了我的一位开公司的朋友，由我给他做担保，保证他任何时候只要提前24小时通知就可以随时支取（但不满一年支取时，月利率为0.5%），以便他随时可以去投资年收益率大于12%以上的项目，并且他投资任何项目时我都可以给他免费做咨询。结果，他用4000元/月的利息收入（还有1000元做零花钱）在公司附近租了一套市值120多万元的房子住，两口子天天开开心心的，既节省了时间，又没有负债。

现在，除了城里有数千万的"房奴"外，中国农村也有几千万的"房奴"。很多农民工一成年，就背井离乡外出打工，辛辛苦苦、起早贪黑、节衣缩食，好不容易积累了一点资金，就纷纷回老家向亲戚朋友举债，大兴土木，建起了一栋栋外表很漂亮的2~4层的房子（里面多数没有任何装修，没有一件像样的家具）。其实，这些房子除了他们在春节期间回家住上十天半月外，其余多数时间房子都是空着的，最多住了一两位老人给他们看房子。而当好的投资机会降临时，他们就再也拿不出钱了。

"房奴"买房的实际损失还远不止上面这些，下面就来分析一下。

一、一个人在事业未成之前，每一分钱都是投资理财的种子，你把种子过早地吃掉了，将来怎么会有大的收成呢？

创业伊始，需要大量资金。求人不如求己，融资需要花时间、花精力，有时还需要向别人披露自己的商业秘密，而且引入外部股权资本时很可能同时引进矛盾。另外，如果你是一个守信用的人，你的钱将可以放大你的信用。也就是说，如果你自己有一部分现金，你就可以借到更多的现金；如果你自己没有钱，甚至因为房子问题而存在负债，那你就透支了"信用"。一个透支了"信用"的人是很难借到钱的。如果你没有本钱，再好的投资项目也会与你失之交臂。

"任何一门学科，如果能够成功地应用数学的时候，就变成了一门科学。"所以，要想科学投资，就要经常应用数学去计算一下，使用每一元钱的时候都要考虑到利息成本和机会成本。

当今世界，绝大多数创业者都觉得资本短缺。我国的金融业很不发达，国有银行的钱很难借给中小民营企业。国有银行的贷款利率往往只是名义利率而非真正的市场利率，真正的市场利率是在市场上能比较自由地获得贷款资金的利率。据调查，我国民间融资当前的月利率在0.6%~3%之间，最普遍的融资月利率为1%~2%，也就是人们常说的月息1~2分。融资利率的高低通常跟融资者的实力和信誉度成反比。也就是说，实力越雄厚、信誉越好的人，融资的利率就越低，但一般也不会低于0.6%的月利率；反之利率越高，月利率可以高达3%，甚至更高。

如果你是一个资本短缺的投资者，假设你融资的月利率为1%，那么如果你在北京买一套200万元的住房，一个月的利息就要2万元；而在北京租一套200万元的住房，月租金在5000元左右，即租房子住至少可以节省1.5万元/月的利息。有这样的好事，你为什么非要去买房子住呢？

并且，对于一个投资者来说，你的损失远远不止这些，因为你可能由于买了房子而损失掉一个千载难逢的投资机会。遗憾的是，绝大多数不会理财的人只能看到房租贵，却看不到利息更贵，更看不到损失投资机会的巨大成本！

曾经有一个同学在6年前来找我借钱，我问他借钱干什么？他说这几年和一个同村的朋友在广州打工，每人赚了30万元，都想在家乡建一栋房子。每人还缺5万元预算，他那个朋友已经借到了，看我能不能帮他解决。我问他几个问题：你为什么要建房？你喜欢建房子还是更喜欢发财致富？他说他们家的房子现在是座破房子，父母亲已没法在那座房子里住下去

了。但同时，谁不喜欢发财致富呢？

于是，我去了他的家乡一趟，没想到那个地方还真的不错。除了他们两家，其他人都利用外出打工的钱加上负债建了大房子，并且每家至少空了一层楼没用，但是也因此而家家户户欠了债。于是我建议他俩都不要建房子了，我可以先给他们一个年收益12%的投资机会并提供担保，并且告诉他们："凭你们两位的能力，好的投资机会很快就会到来的。至于你们的父母，完全可以在村里租一座最好的房子住。后来，我帮他们花100元/月在村里租了一座200多平方米的好房子。

通过我的反复劝说，他采纳了我的建议，将30万元借给了我的一位朋友（当然，我给他做了无限连带责任的担保），他父母亲搬进了租来的新房。除去租金，他还得到了3500元/月的利息。但他的朋友硬是不听劝说，最后还是借了5万元建起了新房子。1年之后，因为他们两个在单位工作得很有成绩，老板给他们入股的机会。我那同学拿回了借给我朋友的30万元钱，又向亲戚朋友借了20万元钱入股。我同学的朋友因为建了房子负了债，根本就借不到钱，与入股的机会失之交臂。

6年之后的今天，我同学已经成了拥有千万资产的老板，而他的那位朋友至今还在打工，每月只能领到8000元的工资！

所以我说："人生的机会就像'小偷'一样，来的时候悄无声息，你抓到了就抓到了，你没抓到就没抓到，但去的时候让你后悔莫及！"

二、过早买房子的另外一个害处就是很浪费时间，在北京等大城市尤其如此

据我调查，在北京至少有一半的工薪阶层从自己家里到工作单位平均有1.5小时的车程，这样一天来回在路上的时间就是3小时。一个人一天的有效工作时间约为10小时，但在路上就花掉了3小时，这是多么巨大的浪费！

一个人一天浪费3小时就相当于浪费了30%的生命，也就是说这个人活到100岁只相当于人家活到70岁，活到70岁只相当于人家活到49岁。多么可惜啊！

三、一个人过早买房子住,他不只是损失了当前的投资机会,而且以后大部分的投资机会和好的就业机会也很可能会丧失掉

因为他每天在路上几个小时的颠簸,一回到家就只想睡觉,怎么有精力去加强学习,提高自己呢?怎么有精力去寻找更好的就业和投资机会呢?并且会因此而影响夫妻感情,因为天天筋疲力尽的人的生活是几乎毫无浪漫和激情可言的!

曾有一位深圳的朋友向我诉苦:她在过去的几年里按 1.5% 的月利率借了 40 万元给朋友办企业,朋友以企业的固定资产作抵押,她每月可以收到 6000 元的利息。她用这 6000 元的收入在深圳租了一套价值 250 多万元的房子住,非常舒适,上班也只要步行 10 分钟。两口子恩爱有加,每年至少外出旅游一次。

可在 2012 年,她老公担心房价进一步上涨,硬是要自己买房,结果她收回了借给朋友的 40 万元,在南山区买了一套 200 多万元的房子,负债 160 多万元,成了典型的"房奴"。从此,她每天上班在路上来回要花 2 个多小时。后来,她的父母亲看到女儿、女婿可怜,将一生的积蓄 10 万元送给他们买了一辆车代步。

虽然有房有车了,但她还是很不痛快,她说自己开车每天来回也要 2 小时,有时一踩刹车脚都麻了。真想回到原来租房的日子!

当然,我要大家不要急着买房子住,并不意味着劝大家不要去住好房子,只是想告诉大家应该用最低的代价住最满意的房子而已。租房子住不但可以让你有尽可能多的资本去投资理财,还可以让你始终把房子租在离你工作地点 20 分钟的路程以内。当你变换工作地点时,居住地点也可以随之变动,房子永远是你的奴隶,跟着你走;而不是你做房子的奴隶,让你变得筋疲力尽。如果越来越多的人选择节约时间就近居住,大城市堵车的问题就容易解决了!

我在北京天则经济研究所做所长助理的时候,我们的办公室在海淀区万柳东路怡水园 2 号楼,我就在 3 号楼租了个房子,很节省时间。我上班不但不用开车,下雨时连伞也不需要打,因为我可以从地下室走过去,这个小区 4 栋楼的地下室都是连通的。后来，我发现在 2 号楼有一套更好的房子，于是我又把家从 3 号楼搬到了 2 号楼，这样更节省时间了，每天中午都可以回家吃饭和睡午觉。你看，租房多好啊！

当然，我说的"买房住不如租房住"也是有前提的，是对于事业未成并且想要投资理财的人而言的；如果你是要"买房子卖"，则属于另一回事（这属于投资行为而不是消费行为。对于投资行为来说，只要能赚钱就是硬道理）。但对于不会理财的人和不需要去投资的人来说，还是可以去买房子住的。特别是对于钱花不完的人来说，爱买什么房子就可以买什么房子，因为钱就是用来花的嘛！要不然，如果都不买房子，哪里有房子可租呢？当然，只有让不会理财的人去买房子，会理财的人才能租到低价的好房子啰！

对于不会理财的人而言，买个房子出租有时比存到银行吃利息还要合算，但对于租金还抵不上银行定期存款利息的地区而言，不会理财的人还不如把钱存到银行。就拿鄂尔多斯、温州、北京、上海、杭州来说，现在买房子出租的租金已经远远赶不上银行定期存款利息了，这意味着当前这些城市的房价泡沫非常严重，随时有破灭的危险（鄂尔多斯和温州的房价泡沫已经破了）。从长期而言，只要不是在房价处于高位的时期买房，房子还是有一定的保值功能的。但在目前的高房价下，如果遇到房价下跌就不合算了。比如 2008 年的美国房产市场，很多人曾在房价的高点或次高点买入，房价跌幅稍大就把自己付的二成或三成首付跌完了，房子就变成担保机构或银行的了。如果跌得更多点，担保机构或银行就算拿着房子也要亏本了，因为买个同样的新房子还要不了那么多钱。

我有个成都的同学，他老婆在一个房地产企业做会计，工资只有 4500 元/月。后来我教她投资，将 30 万元钱借给了她自己的老板（因为她是那个企业的会计，所以也不必担心不安全），月利率按 1.5%（4500 元/月）计算，然后用 4500 元/月租了一套 150 多万元的房子住。结果，他发现了一个很有趣的问题：他老婆的劳动报酬 = 投资 30 万元的回报 = 150 万元的房子的月租金。他能得到这样的投资回报和享受，就是因为采纳了我的建

你就是下一个有钱人

议——没有买房，而是用利息收入租很好的房子住！

也许有人要问，你要大家都不买房子住，那赚钱干什么？那别墅谁住？你问对了，我同样认为人来到这个世界就是来享受生活的。

我叫你慢点买房子、先学会投资理财的目的，就是为了让你将来轻轻松松买别墅！

你想，上面那个"房奴"如果先用50万元投资理财，按18%的复利系数计算回报率，20年后就变成了1370万元，25年后就变成了3133万元。但他现在成了"房奴"，要15年后才能摆脱"房奴"身份，多么可惜啊！

也有人说，我早就体味过租房的烦恼了，房东老涨价，经常要搬家。而我的经验证明，房东涨价也是有度的，大不了比市场价格高出10%，因为他肯定不可能无限上涨。关键是房子是否适合你，并且能为你节省时间。况且，对于一个投资者而言，相对于民间融资的贷款利息而言，房租总是很便宜的。如果你不太计较租金，也需要搬家的话，那肯定是越搬越好！

另外还有人说，租房子住一方面不稳定，另一方面不能完全按自己的偏好来选择自己喜欢的装修格调。但后来我给他们提供的方案很好地解决了这个问题。

2007年，我在广州的一位朋友A的100万元遇到了一个两难的选择：他的公司有一个很好的项目需要投资100万元，未来5年预期投资回报率为20%/年以上，但他老婆劝他不要投资，先买套100万元的房子住。因为她不喜欢住人家的房子，并且预期广州未来的房价会上涨。但他只有100万元，买了房子就不能投资企业，投资了企业就不能买房子。怎么办呢？

而正在那时，我广州的另外一位朋友B有100万元存在银行，找不到满意的投资渠道。我问他要什么样的投资回报率才算满意？他说只要每年能安全稳健地达到6%就可以了。

于是，我建议他俩合作：由A选择一套自己喜欢的100万元的房子，再由 B 买下（房产证是 B 的名字），然后出租给 A，租期为 15 年（A 拥有除所有权和抵押权以外的一切权利），A 完全按自己的偏好进行装修。A 每年向 B 支付 6 万元的房租，即保证 B 每年有 6% 的投资回报率；B 的房租在租赁期内永远不得涨价，也不得提前终止租赁。如果违约，B 必须承担 A 的所有装修费用，并且退还所有已经收到的租金。如果 A 违约提前退租（允许 A 转租），A 必须向 B 支付 10 万元违约金，并且不能破坏装修。

通过合作，A 的 100 万元投资了企业，同时住上了他老婆喜欢的新居，租的房子和买的几乎没有区别，因为地段和房子都是自己选的，装修方案也是自己定的。B 得到了每年 6% 的安全稳健的投资回报。

6 年来，A 的投资果然得到了 20% 以上的年回报率，那 100 万元已经变为了 300 多万元，而 B 买的房子也由 100 万元升值到了 200 多万元，还得到了 6 万元/年的租金！

最后我要说明的是，很多"房奴"主要考虑的是房子升值的问题。但对于一个只有一套房子的人而言，房子升不升值意义是不大的，因为升值后的房子在把它卖掉之前等于没有升值。就像一个种粮食的农民，如果他一年只能生产 150 公斤粮食，不管粮价每公斤是 3 元还是 5 元，对于他来说都是一样的，反正这些粮食都是自己吃掉。只有当他生产的粮食超过口粮并用来销售时，粮价的上涨对他才是有利的。同理，"房奴"一般都是只有一套房子的，房子涨价跟他有什么关系呢？如果他把房子卖了，不又是租房住吗？并且如果买了房子去卖，还能赚钱，那并不是我所反对的，但这就属于投资行为而不是消费行为。

另外，房子只涨不跌的神话很快就会被打破了。我预计，在未来几年，中国大多数城市的房价将是稳中有跌，有些城市的局部地区将可能大跌。

我在北京经常看见一些很可怜的"房奴"，他们每天一上公交车和地铁就因疲惫不堪而呼呼大睡，每周只吃一餐肉，买菜只挑卖剩的，一年只买两套衣服，不敢生小孩（担心养不起）。

可怜的"房奴"啊！

你就是下一个有钱人

如果要劝准"房奴"不要买房,不须费力就能举出很多例子。下面的言词尽管有些夸张,但绝非危言耸听:

1. 买房是"房奴"彰显自我价值的愚蠢手段之一。

2. 买房是一个有志青年沦为物质奴隶的最佳范式。

3. 买房是城市"窝囊"男人讨不到老婆的后路之选。

4. 买房是"缺乏安全感人士"的自我安慰。

5. 买房是对"炒房"的盲目跟风。但越跟风,房价越有可能上涨;房价越上涨,就越有可能早日导致房市"泡沫"破灭。最终,炒房者也许会自己搬起石头砸了自己的脚。

6. 买房是"感情受挫的女人"所寻找的物质替代品。

7. 买房是以讹传讹的"高档享受"之一。

8. 从今天开始,买房是并不经济的投资方式。当然,在短期内也许还能通过买房投机赚钱,那就看你的眼光和运气了。总之,只要你赚了钱就是硬道理。

想通过投资理财早日过上好日子的朋友,你看了这篇文章后,还急着买房吗?

案例 农民工"创客"培养了 20 多位千万富翁

10 年前,纪德力还是山东省菏泽市曹县一个身无分文的农民工,如今的"创客"纪德力被称为"农民工司令",每年为 6 万农民工找工作。虽已是掌管 400 多家分公司、分支机构的上市公司老板,眼前这位 80 后小伙儿依然一副憨厚淳朴的农民工形象。

"你看,我只是小学毕业,当初外出闯荡时,身上只有 68 元,你的条件比我还差?连我都能创业成功,你肯定也可以!"纪德力经常现身说法,以自己的亲身经历鼓励那些惧怕创业的人。

纪德力创立的劳联集团有一项内部规定:在公司工作满 3 年,员工必须离开公司自主创业。同时,公司为每位创业者提供 5 万元的创业资金,半年内正常发放工资;如果创业失败,创业者可再回公司上班。

这项政策让劳联集团的规模迅速扩张。目前,劳联集团旗下共有 400 余家分支机构,分布在国内 30 多个省级行政区和美国、英国、德国等国家的各大城市,其中一半是公司内部员工开设的。纪德力告诉记者,这项创业政策保证了服务质量和集团内部的完整性,也增强了员工的凝聚力。在他的扶持下,员工创业的成功率为 74%。

"我已经培养了 20 多位千万富翁了。"纪德力坦言,帮助别人成功比自己成功更有满足感。尽管在劳联的发展壮大过程中离不开政府的鼓励和支持,但纪德力总是告诉员工:市场很大,要学会挣市场的钱,不要挣老板的钱,更不要只依靠政府扶持的钱。

大格局才能赚大钱

- 格局够大才能赚大钱
- 会分钱才能赚大钱
- 眼界决定视野，视野决定成就
- 混什么圈子决定你能赚多少钱
- 一个人要富，更要贵

 你就是下一个有钱人

格局够大才能赚大钱

有这样一句谚语：再大的烙饼也大不过烙它的锅。饼的大小完全取决于烙它的那口"锅"——这就是所谓的"格局"。

如果我们的格局是一个杯子的大小，那么最多就只能装一个杯子的水。换句话说，如果我们能把心中的这个杯子变成一只桶的话，可以装的水就变多了。如果再把桶变成浴缸、变成游泳池……当格局越来越大的时候，我们装进去的东西就会越来越多。

我国台湾首富郭台铭说："格局决定布局，布局决定结局。"也就是说你的心有多大，你就能做多大的事。毛泽东是因为心里装下了整个中国、整个天下，所以他能做那么伟大的事。没有这么大的心，就不会做这么大的准备。所以格局会决定布局，布局会决定你的结局。

放大你的格局。格局放得越大，你的人生就越不可思议。格局决定结局，态度决定高度。格局就是指一个人的眼界和心胸。

有一句话说得好：你的心有多宽，你的舞台就有多大；你的格局有多大，你的心就能有多宽！放大你的格局，你的人生将不可思议！

中国近代著名的军事家、政治家曾国藩在谈到如何将事业做大时有这样一句名言："谋大事者首重格局。"谋大事者必须布大局，要站得更高、看得更远、做得更大。

李嘉诚在22岁那年就创立了长江集团的雏形，当时叫长江塑胶厂。他是做塑料花出身的，在他创业的初期，李嘉诚接到了一个美国的订单，数量很大，并且对方要求很严格，要求他设计出1组9个样式的塑料盆花样式。

李嘉诚很开心，因为只要有客户，这就意味着他的工厂至少能够活下来。一个人也好，一家企业也好，没有比活下来的理由更大。

因此，李嘉诚在接到这个订单后，一连熬了几个通宵，设计出了客户

想要的盆花样图，并且开始投入生产。当所有的产品已经完成了之后，接到对方一个电话。

由于对方公司的资金遇到严重问题，所以不得不取消这个订单，对方表示很抱歉。

李嘉诚告诉对方："你不要了没关系。图式我已经设计出来了，我把它送给你，这样你以后制作的时候就不用再去找人设计了。"

李嘉诚的这个举动深深地感动了那个客户，他传递给客户的一种感觉是：这个人居然有这么强大的诚信品质。

后来，李嘉诚在生意上遭遇了一个很大的瓶颈，急需要资金。这个时候，有一个人找到了他，要求与他合作，并且要投很多的资金。李嘉诚很震惊，因为他对对方并不熟悉。但他后来发现，这个人恰恰是那个曾经丢失的客户推荐给他的。

有大格局者要有大胸怀，有大胸怀才有大作为。一个人的格局大了，未来的路才能宽！于丹说得好：成长问题关键在于自己给自己建立生命格局。

世界房产大亨唐纳德·特朗普在1990年时曾负债高达数亿美元！他讲过一句话："想大一点！"特朗普的父亲也做房地产，他在一个小村庄盖房子，他的经营思路就是满足中低阶层购买房子的需求。后来，特朗普想去纽约发展，父亲说："你在纽约没有任何的身份和地位，要成功是难上加难。"可是他说："想大一点！"多年之后，他成为全纽约拥有最多房地产的人。在纽约，没有人不知道特朗普先生！

安东尼·罗宾还讲过一句话："大部分的人都高估了自己一年后能做到的事情，但是严重低估了自己10年后能做到的事情。"

比如，一个人一个月才赚一两万元钱，但却设定了目标，希望月赚百万。结果到了年底，发现没有达到目标，就放弃了。可是如果他非常认真地学习销售、学习公众演说、学习领导和行销，规划5~8年的学习期，而且持之以恒地去执行，你觉得他8年之后有没有可能月赚百万？只要把时间拉长，就变得容易多了。

但是，很多人希望在一年之内就做出很大的成绩来。就算你写本书，也至少要花一年的时间。凡事都要有个酝酿期。但是，很多人等不及这个酝酿期，就已经自己放弃了！所以，安东尼·罗宾又说："没有不合理的目标，只有不合理的期限。"

人生的格局决定了结局。心中格局的大小，决定你事业的高度！人生所能到达的高度，往往就是人们在心理上为自己选定的高度。如果一个人心中从来没想过到达顶峰，那么，他也就永远不会获得成功！

小气是阻碍品格升华的最大障碍，是一种消极的自我防御机制。有的朋友常常自私、冷漠、封闭，整天为一些没有意义的鸡毛蒜皮的小事耿耿于怀，为一些极小的利益费心劳神；有的朋友目光狭隘、心胸浅窄，只见树木不见森林，捡了芝麻，丢了西瓜，只注重眼前利益；有的朋友当一天和尚敲一天钟，得过且过，没有人生的理想和设计，苟且偷生。

要想有成就，那么现在就要先提升你的人生格局。大格局展示的是做人大气度、做事大气象。

要开创大格局，必须志向远、境界新、底蕴厚、胸襟宽。只有有了大的格局和境界，才能有大器量，才能分清事情的轻重缓急，不被琐屑小事所牵绊，以更加开放、包容的心态去为人处世，不让一些鸡毛蒜皮的小事蒙住了心灵，不会为生活的不如意而怨天尤人，不会因为一点小的挫折就一筹莫展。

案例 创业6次，成功6次！对他来说，赚钱太简单了

孙陶然是一位成功的跨界连续创业者，在过去的20年间有6次成功创办或联合创办不同领域企业的经历，而且每一次创业都独辟蹊径、守正出奇，更为难得的是每一家企业都在细分行业名列前茅。这位六披战袍、"渴望激情的创业老兵"目标明确，要做就做行业老大。如今，正在金融服务业跑马圈地的他不疾不徐。在他看来，赚钱不过是件简单的小事。

如果明天世界就要毁灭，你还会创业吗？若你的答案是肯定的，你就是天生的创业者。这类人所占比例不超过10%，而孙陶然自认为是其中一分子。

一、初试牛刀

孙陶然打小就是个"孩子王"，不仅学习成绩好，他在班里的"坏"孩子中间也是一呼百应。而这种"孩子王"的号召力，日后也演变成了不凡的领导力。

1987年，孙陶然以吉林省文科第四名的成绩考入北京大学经济学院经济管理系，师从厉以宁教授。北大的4年时光让他打开了眼界，渴望在更广阔的天地里驰骋。

然而，毕业时他却被分配回了吉林的一家建筑公司。他认为这种分配更像是"发配"。在去公司报到的当天，他办理了停薪留职手续。

重回京城后，他进入民政部下属的四达集团做普通职员。1992年年底，四达广告公司成立，为孙陶然提供了施展才能的舞台。两年后，他被提升为总经理。

1995年，《北京青年报》要创办电脑专刊的消息传来，孙陶然的第一反应是要拿下来。很多朋友都认为他疯了，因为那时电脑还是个新鲜事物，而电脑公司大都选择在专业媒体上投放广告。但是，孙陶然认定电脑会走入寻常百姓家，厂商在大众媒体上投放广告也会成为必然。

1995年2月，《北京青年报·电脑时代周刊》创刊，孙陶然开始了第

一次创业,他希望用老百姓读得懂的语言和方式,为他们讲述电脑的一切。

理想很丰满,现实却很骨感。从创刊到当年 7 月,孙陶然几乎跑遍了所有的 IT 公司,但报纸的广告量几乎为零。

生死关头,他拿出公司仅存的十几万元资金,精心策划召开了一次当时规模最大、规格最高的"客户媒体见面会",借此推动 IT 厂商对于大众媒体的认可。

这招果然奏效!一个多月后,大批 IT 公司陆续找上门来。后来,甚至出现了全年的广告版位在年初便销售一空的盛况。

孙陶然出任四达广告公司总经理时,公司账面上只有 3 万元。1995 年,公司盈利 100 万元,1996 年达 800 多万元,1997 年便突破了千万元大关。

二、未雨绸缪

"把握再大,也要留有余力",这是孙陶然创业方法论中重要的一条。当《电脑时代周刊》如日中天、公司上下一片乐观之时,他开始未雨绸缪,寻找新项目。

彼时,IT 行业发展迅猛,一大批公关公司应声而起。1996 年,孙陶然也创办了一家公关公司——蓝色光标,尝试第二次创业。

与同行业很多"夫妻店"不同,孙陶然一开始就与其他四位创始人均分股权。这种股权结构产生的制衡效应,支撑了蓝色光标十多年的持续发展。

孙陶然还对收费模式进行了创新,不同于欧美公关公司按时间收费的模式,蓝色光标采用"结果导向"的收费模式,打不赢不收钱。

起初,蓝色光标的客户主要是国际公司。在与它们的业务往来中,蓝色光标逐渐建立了一整套完善的知识管理体系,也聚合了一大批稳定的国内客户。

2008 年,蓝色光标的销售额超过 3 亿元人民币,并获得达晨创投的 4000 万元投资。2010 年,蓝色光标登陆创业板,成为国内公共关系行业第一股。

在经营蓝色光标期间,孙陶然又投资创办了中国最早的 DM 杂志《生活速递》。如今,《生活速递》公司是中国最大的直投杂志出版者,并在北京、上海、广州设有分公司。

三、营销谋略

1998 年,孙陶然受四达集团总裁张征宇之邀出任恒基伟业的副总裁。恒基伟业的核心产品就是日后红极一时的商务通。

精于营销的孙陶然接手后,将营销中的"4P(产品、价格、渠道、促销)理论"发挥到了极致。

在产品方面,商务通使用了相当于竞品两倍大的屏幕,并首创"百家姓"查询法,做到了"查电话只需点一下",其使用的手写识别技术识别率也明显高于竞品。

在价格方面,商务通打破竞品的暴利定价法,虽然产品配置、性能比竞品均有大幅提升,但它的价格却与竞品持平。

在渠道方面,孙陶然的做法是一个城市只给一家代理商,不允许跨出代理区域销售。另外,他一改厂商先发货再结账的行业惯例,要求款到发货。

在促销方面,主要是广告时段的选择上,他避开商务人士仍在忙碌的黄金时段,选择子夜、清晨和下午等鲜有人投放的"垃圾时段",用超低价格获得了"只要你在子夜打开电视,你所扫过的台几乎都在播放商务通广告"的效果。

为了将商务通这个新鲜事物表述清楚,他拍了一条长达 10 分钟的广告,把每个功能、每种用法一一演示,甚至还在广告之中插入了两分钟的情景剧……

系列营销组合拳打出后,上市仅半年的商务通便享誉大江南北,势如破竹地拿下了 60% 以上的市场份额,创造了一个营销奇迹。孙陶然的名字也和商务通一起,成为诸多著名商学院的研究案例。

四、再踏征程

2001年,孙陶然离开恒基伟业。两年后,他以天使投资人的身份投资了永业集团的生物科技项目。2009年,永业国际成功登陆纳斯达克。

此间,孙陶然发现日常生活中账单缴纳以及电子商务中的支付瓶颈没有得到很好的解决。他意识到,若能让各类缴费还款业务变得更轻松,那必然会创造一个新的商业模式。

孙陶然蛰伏已久的创业激情再次被点燃。

2005年,他第六次出征,与雷军及联想共同出资200万美元,创建了拉卡拉,成为第三方支付领域最早的试水者之一。他希望依托遍布大街小巷的便利店的支付网点,为老百姓提供家门口的便利支付。

创业初期,拉卡拉在北京和上海挨家跑便利店和超市,很快打开突破口。2008年,拉卡拉开了进军全国的大幕,以平均每月增加一两千个新网点的速度扩张。

五、考拉刷卡器

得终端者得天下。2011年5月,拿到了央行颁发的第三方支付企业的经营牌照后,拉卡拉火速跑马圈地,通过3条产品线布局终端:为便利店、超市提供公共缴费、还款服务,为企业提供POS机收款服务以及推出手机刷卡器"考拉"。

目前,拉卡拉拥有近1亿个人用户和超过300万企业用户,成为国内最大的线下电子支付公司。2013~2014年,拉卡拉连续两年蝉联移动支付市场交易规模第二位,铺设了一张强大的电子商务地网。

尽管拉卡拉目前尚未盈利,但孙陶然并不着急。他说,"现在如果我们不扩张,马上就可以赚钱,但那不是拉卡拉的理想。一旦你有了庞大的用户,有了用户需要的基础服务,赚钱是随时随地的事。"

六、创业是最绚丽的生活方式

曾有媒体评论孙陶然——相当于登到山顶好几次,而且每次路线还不一样。之所以会横跨多个领域,除了朋友相邀以外,关键在于他喜欢不断挑战新难度和新高度。

孙陶然说，他愿意用20多年的时间，参与创办6个企业，然后把它变成别人的平台，变成一个小而美的成功。他唯一不能忍受的是庸俗、不成功。做任何事情，要么不做，要做一定要做到最好。

他说，"我看到一个好的商业机会，或者看到一个很好的创业者，我总是希望参与其中。创业是我最喜欢的一件事情，我也认为创业是和平时期最绚丽的一种生活方式。"

他还把自己的创业感悟汇集成了一本书，题为《创业36条军规》。与同类书籍不同的是，它并不指导一个创业者如何成功，而是如何少犯错误。

在书中，孙陶然并不鼓吹创业，而是以一个过来人的口吻将创业的艰难和不易娓娓道来，甚至第一条军规即开宗明义——不是每个人都适合创业。

 你就是下一个有钱人

会分钱才能赚大钱

想赚钱的人，先要学会怎样分钱！华为的任正非对其管理干部的要求，其中有一条是"必须懂得分钱"。他的逻辑其实很简单："钱分好了，才能得人心；得人心者，才能聚团队。要赚钱，首先应该搞清楚挣了钱怎么分。挣了钱就装进自己口袋的老板，能有几个员工会把公司的活儿当自己的活儿？"

赚钱容易分钱难。不善于分钱，结果把人都给分跑了。所以，从某种意义上讲，分钱能力比赚钱能力更重要。

阿里巴巴公司之所以能够迅速发展，除了业务模式外，关键是分钱的模式合理。马云在阿里巴巴 B2B 业务中的持股数少于 5%，平均每名员工持有 9.05 万股，阿里巴巴 B2B 业务上市造就了堪称中国最大的富翁群。这就叫财聚人散、财散人聚。

慧聪网的郭凡生说："不懂技术、不懂互联网没关系，只要把分钱的规则定好了，老板要做的就是数钱。"

慧聪在 1992 年就规定，每年要有 50% 的利润用于积累，50% 的利润用于分红，在分红利润中有 70% 要分给公司不持股的员工，30% 分给公司的股东。

据了解，慧聪国际在上市之时创造了 100 多名百万富翁，成功保持了核心员工对公司的忠诚度。

在赚钱前就把分钱的游戏规则说清楚，这样大家各做自己的事，最后拿走各自该分的钱。

要想赚大钱，必先懂得分钱。舍得舍得，有舍才能得，不能只看重眼前的利益。这就是分钱的艺术。

当跟你合作的人拿到了预期回报或拿到了比预期更高的回报，那么，更有实力的人都会争着与你合作。如此，你的事业才会越做越大，你合作伙伴的质量也会越来越高。

钱，赚少了是自己的，赚多了是大家的，再赚得多了，就成社会的了。心中格局的大小，决定了你的事业高度！

台北市有一位建筑商，年轻时就以精明著称于业内。那时的他虽然颇具商业头脑，做事也成熟干练，但摸爬滚打许多年，事业不仅没有起色，最后还以破产告终。

在那段失落而迷茫的日子里，他不断地反思自己失败的原因，想破脑壳也找寻不到答案。论才智、论勤奋、论计谋，他都不逊于别人，为什么有人成功了，而他离成功越来越远呢？

百无聊赖的时候，他来到街头漫无目的地闲转，路过一家书报亭，就买了一份报纸随便翻看。看着看着，他的眼前豁然一亮，报纸上的一段话如电光石火般击中他的心灵。

后来，他以1万元新台币为本金，再战商场。这次，他的生意好像被施加了魔法，从杂货铺到水泥厂，从包工头到建筑商，一路顺风顺水，合作伙伴趋之若鹜。短短几年内，他的资产就突飞猛进到1亿元新台币，创造了一个商业神话。很多记者追问他东山再起的秘诀，他只透露四个字：只拿六分。

又过了几年，他的资产如滚雪球般越来越大，达到100亿元新台币。有一次，他来到一所大学演讲，其间不断有学生提问，问他从1万元新台币变成100亿元新台币到底有何秘诀。他笑着回答："因为我一直坚持少拿两分。"学生们听得如坠云里雾里。望着学生们渴望成功的眼神，他终于说出一段往事。

他说，当年在街头看见一篇采访李泽楷的文章，读后很有感触。记者问李泽楷："你的父亲李嘉诚究竟教会了你怎样的赚钱秘诀？"李泽楷说："父亲从没有告诉我赚钱的方法，他只教了我一些做人处世的道理。"记者大惊，表示不信。李泽楷又说："父亲叮嘱过，你和别人合作，假如利润你拿七分合理，八分也可以，那我们李家拿六分就可以了。"

他动情地说："这段采访我看了不下100遍，终于弄明白了一个道理：精明的最高境界就是厚道。细想一下就知道，李嘉诚总是让别人多挣一两分,所以每个人都知道和他合作会多获利,就有更多的人愿意和他合作。如此一来,虽然他只拿六分,生意却多了100个。假如拿八分的话,100个会变成5个,到底哪个更赚钱?奥秘就在其中。我最初犯下的最大错误就是过于精明,总是千方百计地从别人身上多赚钱,以为赚得越多,就越成功。结果是赚到了眼前,输掉了未来。"

演讲结束后,他从包里掏出一张泛黄的报纸,正是报道李泽楷的那张。多年来,他一直珍藏着这张报纸。报纸的空白处有一行毛笔书写的小楷:七分合理,八分也可以,那我只拿六分。

这位建筑商就是台北全盛房地产开发公司董事长林正家。他说,这就是100亿元的起点。

100平方米的小饭馆为何能年赚40多万元

一家只有100平方米的小饭馆用互联网思维来做餐饮，年营业额居然突破了40万元！这其中有许多值得借鉴和参考的地方。

刘丽娜和王东军两口子都只有初中学历。创业之前，他们每人的月收入只有2000元左右，属于非常普通的打工者。但是，他们一直都很喜欢学习，怀揣致富的梦想。

也许是命运使然，在经济条件非常紧张的情况下，他们两口子先后来到长沙参加了快乐理财游学苑的学习，并都表现得非常出色。2013年，在我的指导下，他们在河北省定州市开了一家麻辣香锅店，营业面积约100平米。第一年，他们的生意不是很好，年利润只有20多万元。后来，我亲自上门为他们做了2次现场指导，每次都提出了10多条改进意见，很快就让他们的年利润翻了一番，达到40多万元。

当时，我建议他们，一定要紧跟时代潮流，用互联网思维做餐饮，并给他们指点了6条互联网思维的秘籍。果然，一段时间以后，他们的小饭馆开始变得财源滚滚。

一、少即是多——"我的小饭馆只提供60种食材"

麻辣香锅就是把各种食材放到一口锅里混炒，所以其食材种类可谓无所不包，讲究的就是混搭。但是，刘丽娜的小饭馆却只提供60种食材。

为什么只提供60种食材？其中的缘由是：

1. 这60种食材基本覆盖了周边80%的消费者喜好的口味和品种。食材数量减少后，不仅方便采购，而且还能因为采购量大而获得额外的优惠。

2. 对于厨师来说，炒制麻辣香锅也更轻松。因为总是接触这60种食材，时间长了自然熟能生巧，不仅混搭出来的味道更好，炒制的速度也更快。

食材的规模采购让刘丽娜店里的每一种食材都能比周边的饭馆便宜一

点，因此顾客数量也远远多于其他小饭馆。

二、免费——"免费只是诱饵，要有舍才有得"

在食材价格比其他小饭馆更便宜的同时，刘丽娜的饭馆内还有其他饭馆没有的免费食品和饮料——米饭、豆浆、酸梅汤和橙汁。

每天下来，这些免费的食品和饮料成本只要100多元，但是给顾客带来的感觉却异常地好：一分钱还没花，桌上就已经摆上了米饭和饮料，好像占了天大的便宜似的。而实际上，只要多来六七个用餐者，这些成本就足以收回了。

三、兜售体验——"面子比天大，一定要给足"

虽然刘丽娜经营的只是一个普通得不能再普通的小饭馆，但是她认为，走进饭馆的每一个顾客都是上帝。"我们不仅要给他们便宜可口的饭菜、免费的饮料，更重要的是要给他们足够的面子。"

怎么给客人面子呢？除了热情、嘴甜、眼疾手快之外，还有两大法宝：①在过了正常饭点、进店人员稀稀拉拉的时候给喜欢吸烟的客人发一支香烟。虽然一支香烟不值什么钱，但是却极大地满足了这些客人的心理需求。②每当有熟客来店里请客吃饭时，刘丽娜要么会送上两瓶啤酒，要么就送一瓶软饮。花的钱不多，但是却给了做东的顾客足够的面子。这些请客者以后再次请客都会选择来这里消费。

四、快速响应——"不让客人多等一分钟"

因为麻辣香锅是把所有的菜放在一个锅里配上调料一次性炒出，所以练就快速响应的本领并不难。如此一来，上菜速度就非常地快。

刘丽娜特别重视客人的等待时间的长短。她给员工做培训的时候，都会特意叮嘱厨师和服务员不要让客人无谓地多等一分钟，无论是炒制麻辣香锅还是清理台面，都要做到最快。这让前来用餐的顾客感到非常满意。

五、增值服务——"送优惠券"

为了吸引回头客，我给刘丽娜的饭馆设计了"满100元送50元"的促销模式。这不但使绝大多数顾客都成了该店长期的回头客，而且让很多顾客成了他们的义务宣传员和免费业务员。有时，顾客只消费了85元，本来不符合"满100元送50元"的优惠政策，但我教收银员遇到这种情况一定要建议顾客再加一瓶15元的饮料带回去，以享受"满100元送50元"的优惠政策。对于顾客来说，这就等于免费得到了这瓶饮料，还能倒赚35元，非常划算！所以，在收银员提出这样的建议时，绝大多数顾客都会欣然接受。

也许会有人不解：其他很多饭店都有"满100送50元"的优惠政策啊，这样的话，二者有何不同呢？实际上，在我的设计中，这个50元券的使用却大有文章可做，可谓奥妙无穷！其他饭店的类似优惠政策跟我的设计还有很大差距。至于有什么不同，差距有多大，这个不能在书里公开讲述。如需了解，可以来参加我的快乐理财游学班！

六、涨价

采用了以上5条秘籍后，刘丽娜的小饭馆的生意蒸蒸日上，出现了经常排队的现象。这时，我向刘丽娜讲了2个可能价值十万甚至百万的字：涨价。

对此，刘丽娜两口子一开始很不理解。我告诉他们，定价与成本关系其实不大，价格主要是由供求关系和定价技巧来决定的，因为做生意的目的是为了多赚钱。当然，涨价也是有技巧的，比如：每100克食材（麻辣香锅的食材通常是按每100克多少钱来定价的）可以先涨价1元，如果涨价之后还有排队的现象，那就再涨价1元，直到排队的人较少为止。这样一方面能够试探客人的消费能力，另一方面还可以快速增加利润。

这个方法果然很有效。后来，就凭涨价这一项，这家小饭馆一年的纯利润就增加了10多万元。

你就是下一个有钱人

眼界决定视野，视野决定成就

史玉柱、马云、陈天桥、马化腾、丁磊、刘德建这6位大佬当年真正发家的业务，往往都是当时业界看起来并不起眼的业务！不仅不被人看好，甚至被人嘲笑。

史玉柱搞脑白金，外界都不看好，嘲笑挖苦者众；马云搞电子商务，被骂是骗子，跟进者自然不多；马化腾差点要卖掉QQ；刘德建搞网游也不被看好；陈天桥搞网游更是孤注一掷，花了30万美元代理了一个韩国二线网游。但是，他们最终都取得了巨大成功。

他们的初始创业资金的来源惊人地一致：都是自己出资，而且创业资金并不雄厚，大多只有50万元！史玉柱搞脑白金时向朋友借了50万元，马云是与18个创业伙伴凑了50万元，丁磊、陈天桥、刘德建也都只拿了50万元出来创业。只有马化腾的创业资金似乎多一些：100万元。丁磊最初创业时只有7平方米的小办公室，马化腾在赛格的一个小小的写字间开始创业，而马云和陈天桥都是在租来的住宅里开始创立宏图大业的。

现在，一些大城市开始禁止在住宅内办公，不知道要因此扼杀多少未来阿里巴巴和盛大这样的伟大企业。

有这么一个故事：3个小伙子结伴外出，寻求发财机会。在一个偏僻的山镇，他们发现了一种又红又大、味道香甜的苹果。这种优质苹果在当地的售价非常便宜。

第一个小伙子望着这些苹果，双目发亮。他立刻倾其所有，购买了10吨最好的苹果，运回家乡，以比原价高两倍的价格出售。就这样他往返数次，成了家乡的第一名万元户。

第二个小伙子望着这些苹果，沉思片刻。他用了一半的钱，购买了100棵最好的苹果苗，运回家乡，承包了一片山坡，把果苗栽上。整整3年的时间，他精心看护果树，浇水灌溉。

第三个小伙子望着这些苹果，一连几天只是围着果园东走走、西看看。最后，他找到了果园的主人，用手指着果树下面说："我想购买这些泥土。"园主一愣，接着摇摇头说："不，泥土不能卖，卖了怎么长果？"他弯腰在地上捧起满满一把泥土，恳求说："我只要这一把，请你卖给我吧！要多少钱都行！"主人看看他，笑了："好吧，你给一元钱拿走吧。"

他带着这把泥土返回家乡请专家化验，分析出泥土的各种成分，并找到了与当地的空气温度、湿度和光照相当的土地，然后长期承租下来，他在上面栽种上苹果树苗。

10年过去了，3个人的命运迥然不同。

第一位购买苹果的小伙子依然经常要去购买苹果，运回来销售，但是他每年赚的钱越来越少了，有时甚至不赚钱，乃至赔钱。

第二位购买树苗的小伙子早已拥有自己的果园，但是因为土壤不同，长出来的苹果有些逊色，但是仍然可以赚到相当的利润。

第三位购买泥土的小伙子，也是最后拥有并收获最多财富的人。他种植的苹果色香味甜，引来无数购买者，总能卖到最好的价格。

这个故事留给我们很多启示：一样的机会，不同的选择，产生不同的结果。最先赚到钱的人不一定赚得最多，一次赚多少钱不重要，能赚得多又赚得久才是最重要的。

打工族拿的是月薪，看到的是一个月；职业经理人拿的是年薪，看到的是一年；老板拿的是项目款，看到的是几年；企业家跟的是趋势，看到的是十几年甚至几十年。

眼界决定视野，视野决定成就！选择不同，结果就不同。关键就看你的眼光与判断怎么样以及你会做什么样的选择（如何判断？如何选择？请阅读我的另一本著作《谁是下一个有钱人》）。

# 你就是下一个有钱人

"赔钱"的买卖为何能够赚大钱

如果要问你：普通送水工一年可以赚多少钱？你可能会想：送一桶水不过一块多的提成，而且整天风吹雨淋、扛水爬楼，算不得什么好工作，也赚不了什么大钱。

可是，如果我告诉你有送水工在短短4年时间里，除了正常的底薪和提成之外，还赚到了20多万元的"外快"，你肯定会觉得是天方夜谭——以前，我也是这样认为的。但是，一个普通送水工的一席话却让我大开眼界，并对此人的能力刮目相看。

送水的师傅姓刘，在我所住的小区中，很多人都喊他"刘师傅"或"老刘"。老刘大约50岁的光景，但身体还挺硬朗。有一天，我家里的桶装水喝完了，我便打电话给老刘。没想到的是，老刘居然告诉我："放心吧！我估摸着你家的水这两天差不多该喝完了，所以我已经快到你楼下了。请再稍等一会儿！"

之前见面，我只是礼貌性地跟老刘打过招呼。我们小区的上千家住户都属于老刘的送水范围。没想到，他竟然能记得我的水快喝完了，我的心中不禁为之一热。

不多时，听到门铃响，我把老刘让进门。等老刘给我换完水，我给老刘倒了一杯水。老刘却突然显得有些拘谨，或许是他很少受到这样的待遇吧。我招呼老刘坐下，然后跟他闲谈起来。没想到，这一席话却让我收获良多。

我问老刘："经常看到你在水店忙进忙出，收入一定还可以吧？"老刘说，四年多前刚开始做时，水店的生意非常不好，因为小区的住户虽然多，但附近却有好几家水店。眼看着水店经营不下去了，老刘就跟老板商量：他能想个办法让水店的生意好起来，但以后由他送出去的每桶水需要额外提成1元（正常的底薪和提成不算在内）。考虑到水店已经关门在即，老板便死马当活马医，答应了老刘。

老刘先找到小区的物业公司管理处。老刘所在的水店的桶装水成本价是6元，市场价是13元，但老刘决定以后给管理处送的水，价格统一改为5元。也就是说，老刘给管理处送每桶水，本来可以赚7元，现在反要赔1元。管理处当然乐意，因为管理处每个月都要消费100多桶水。按照5元的价格计算，管理处每消费一桶水可节省8元，以一个月喝150桶水计算，可以节省1200元，一年下来就能节省15000元。

我觉得有些奇怪：按照这个价格送水，老刘不是要亏钱了吗？开店都以盈利为目的，亏钱的生意，傻子才做！

老刘也看出我的不解。他笑着跟我解释，自己也不是白白亏钱，因为他对管理处提了一个要求：在小区的入门处贴一个广告，告诉小区住户"凡在火焰山水店订购桶装水的客户，均可享受以下优惠：①打电话后15分钟内送水上门；②每桶水价格由原先的13元下调到12元；③订购桶装水满100桶以上，可按照积分获赠小礼品。如有疑问请到管理处咨询或领取宣传单，咨询者有小礼品相送。"

老刘告诉管理处，不需要做什么解释，只需要把他放在管理处的宣传单发给前来咨询的客户就行。如果小区住户订购的水达到一定数量，老刘还可以免费给管理处送水！如果管理处觉得麻烦，只需要发一个月的宣传单就可以。

管理处认为这样做没有什么损失，也不麻烦，于是就同意了这个要求。不久，老刘就把做好的宣传单放在管理处了。

小区的居民跟管理处相处得挺不错，而且管理处就在一个小花园的隔壁。一些家庭主妇和老太看到广告后，就会到管理处咨询（也有一些是来拿小礼品的）。了解到火焰山水店的桶装水价格确实优惠后，他们便开始给火焰山水店打电话订水。不久，大部分住户在订水时都转到火焰山水店了。

另外几家水店看到这个商机后，已经晚了。因为经过这件事后，管理处考虑到虽然水价确实便宜了，但唯恐出点什么问题对住户造成不良影响，就停掉了类似的合作。不过，火焰山水店的知名度却已经打出去了。

所以，几年下来，整个小区几乎所有的住户都在老刘这里订水，而老刘仍然依照约定以每桶5元的价格给管理处送水。

听完老刘的话，我才恍然大悟。我搬到这个小区并没有太长时间，之前还奇怪为什么火焰山水店的生意总是那么好，原来它是借助了客户的口碑，再加上自己的优质服务发展起来的。

那么，我打电话给老刘说没水的时候，老刘是不是真的记得我的水快喝完了？或是接到电话后，故意先这样说，然后再来送水呢？我觉得这件事值得好好推敲一下。

火焰山水店离小区本来就不远。假如住户的水喝完了，打电话给送水工，如果送水工说"好的，马上就到"，住户就不会觉得有什么特别之处。万一送水工路上耽误了一点时间，反而会让住户为他的迟到而恼火。但是，老刘说的是"放心吧！我估摸着你家的水这两天差不多该喝完了，所以我已经快到你楼下了。请再稍等一会儿！"简简单单的一句话，却能让客户油然而生一种被重视的感觉。这或许也是老刘维护客户的"手段"吧，因为谁也不会为难这么一位让人感觉很贴心的送水工。老刘维护的上千名客户很少有流失的情况，这足以证明他的人品和服务受到了大家的认可。

送走老刘后，我算了一笔账：我们小区有6栋楼，每层楼平均有6户，每栋楼33层。按照一个月一户喝4桶水计算，由于老刘送一桶水的额外提成是1元，那么他每月能够拿到的"外快"就是 $6 \times 6 \times 33 \times 4 \times 1 = 4752$（元）。刨除他每月要给管理处低价送水亏掉的150元，每月能够净赚4602元的"外快"。老刘"赔钱给管理处送水"的做法已经执行了4年多，算下来，在这4年的时间里，光"外快"他就赚了20多万元，这还不包括他的正常底薪和送水提成！

老刘的故事令我思索万千。这个社会是创意的社会，同业竞争不能仅仅建立在互相诋毁和低级的价格战上。如果能够借助别人的力量获得更大的收益，即使在一开始需要损害一点自己的利益，也是可行的。像老刘这样，虽然做了"赔钱"的生意，却救活了整个水店，并赚到了20多万元的外快，这就是普通人的大智慧。

很多人都说：只有傻子才会做赔钱的生意。但是，现在我却不敢说老刘"傻"。从他的年龄看，肯定没读过多少书，但他的做法却让我这个经常做销售培训的老师为之敬佩。

或许，我们应该重新规划和分析企业盈利低迷的现状，并思考如何制定挽救方案了；或许，我们还要改变以往的一些思想：不是所有的"赔钱"行为都不可行，如果能够运用更好的方法，赔了"芝麻"却捡了"西瓜"，照样还是赚到。

后来，我通过调查了解到：原来，每次接到送水电话时，老刘总要往送水车上多装几桶水。送水的时候，如果正好遇到临近住宅楼有人打电话要水，他就会说："放心吧！我估摸着你家的水这两天差不多该喝完了，所以我已经快到你楼下了。请再稍等一会儿！"这一方面可以让他给人留下贴心的深刻印象，还能减少他回水店重新取水的劳动，真可谓一举两得！

 你就是下一个有钱人

混什么圈子决定你能赚多少钱

你赚的钱大部分来自你的圈子,而非你的知识。你和谁在一起以及混什么圈子是很重要的,甚至能改变你的成长轨迹,决定你的人生成败。有句话说得好,你是谁并不重要,重要的是和谁在一起。

华谊老总王中军说:交朋友是第一生产力。或者说,圈子决定位置。交朋友是个技术活。这个年代,双拳难敌四手,经营好人脉也就成功了一半。

沙子是废物,水泥也是废物,但他们混在一起是混凝土,就是精品;大米是精品,汽油也是精品,但他们混在一起就是废物。是精品还是废物不重要,跟谁混,很重要!

斯坦福研究中心曾经发表一份调查报告,结论指出:一个人赚的钱,12.5%来自知识,87.5%来自关系。

在好莱坞,流行一句话:"一个人能否成功,不在于你知道什么,而在于你认识谁。"

美国老牌影星柯克·道格拉斯(麦克·道格拉斯之父)年轻时十分落魄潦倒。有一回,他搭火车时,与旁边的一位女士攀谈起来,没想到这一聊,聊出了他人生的转折点。

没过几天,他就被邀请至制片厂报到,那位女士是知名的制片人。这个故事的重点在于,即使柯克的本质是一匹千里马,也要遇到伯乐才能美梦成真。

到底什么是"人脉竞争力"?相对于专业知识的竞争力,一个人在人际关系、人脉网络上的优势,就是我们定义的人脉竞争力。

为了解人际能力在一个人的成就中所扮演的角色,哈佛大学曾经针对贝尔实验室的顶尖研究员做过一项调查。

他们发现,被大家认同的杰出人才,专业能力往往不是重点,关键在于"顶尖人才会采用不同的人际策略,这些人会花更多的时间与那些在关

键时刻可能对自己有帮助的人培养良好关系,在面临问题或危机时便容易化险为夷"。

哈佛学者分析,当一位表现平平的研究员遇到棘手问题时,会努力去请教专家,之后却往往因苦候却没有回音而白白浪费时间。

顶尖人才则很少碰到这种问题,这是因为他们在平时还用不到的时候,就已经建立了丰富的资源网,一旦有事需要请教便能够立刻得到答案。

对于一个想致富的人来说,尽可能多跟有钱人打交道将至少有4种致富机会。

1. 看自己身边的有钱人靠做什么赚钱。在今天的中国,赚大钱的人主要不是靠聪明能干、吃苦耐劳,而是因为他找到了或者碰对了一个产品或服务供不应求的好行业,结果一不小心就致富了。所以跟有钱人打交道的第一大好处是"他干什么,你就要学着干什么"。

2. 俗话说,隔行如隔山。虽然很多有钱人因为行业原因一不小心就发财了,但他能做的事你不一定能做。那怎么办呢?我的建议是:你赶快想办法去给你身边的有钱人打工吧!但我要特别提醒的是:你去打工的主要目的可不是为了去拿高工资啊!你的主要目的是为了早日取得老板的信任,早日把自己培养成老板的得力干将,早日了解他赚钱的真正原因,然后申请入股做股东。

3. 如果有钱人做的事你不能做,也学不会,老板也不给你投资入股的机会,那就把你的钱加上可以低息融进来的钱,按民间借贷的市场价格借给会赚钱的老板吧!因为中国多数会赚钱、能赚钱的老板都是缺钱的(当然,一定要事先学会控制风险哦)!

4. 如果以上机会你都没有,那你就尽量去为有钱人服务吧!比方说:民间借贷中介、贷款中介、公司营业执照和年检代理、汽车上牌或汽车年检代理、留学或移民中介、高级育婴师、高端美容师等。因为有钱人的钱很多,所以多数有钱人都比普通人舍得花钱。而用你的劳动去换取有钱人的时间,这本身就是可以创造新财富的啊!

 你就是下一个有钱人

一个人要富,更要贵

物质上的富足不能与精神的高贵等同。不少人所理解的贵族生活就是住别墅、买宾利车、打高尔夫,就是挥金如土、花天酒地,就是对人呼之即来、挥之即去。实际上,这不是贵族精神,这是暴发户精神。

富可能只是一个数字,但贵的内涵更深。一个人要有钱,更要让自己变得值钱。一个人有钱只能说明他有钱,他赚钱的方式才能道出他是个怎么样的人。

英国的威廉王子和哈里王子毫无疑问是贵族,英国皇室却把他们送到陆军军官学校去学习。毕业后,哈里王子还被派到阿富汗前线,做了一名机枪手。英国皇室知道哈里王子身份的高贵,也知道前线的危险。但是他们公认为国家奉献自己、承担风险是贵族的本职,或者说是本分所在,是理所当然的。

第二次世界大战之前,有一张照片在英国流传得非常广:当时的英国国王爱德华八世到伦敦的贫民窟进行视察。他站在一个东倒西歪的房子门口,对里面一位一贫如洗的老太太说:"请问我可以进来吗?"这体现了贵族对底层人民的一种尊重,而真正的贵族是懂得尊重别人的。

储安平在《英国风采录》中说:"凡是一个真正的贵族绅士,他们都看不起金钱……英国人以为一个真正的贵族绅士是一个真正高贵的人,正直、不偏私、不畏难,甚至能为了他人而牺牲自己。他不仅仅是一个有荣誉的人,而且是一个有良知的人。"

在洛杉矶一家有名的咖啡厅里,经常有人在点咖啡时多点一杯,服务生就会把多点的单子贴在墙上,这一切似乎已是常规。每当有着装与咖啡厅气氛极不协调的人走进店里,说要"墙上的咖啡"时,服务员就会恭敬地为他端上一杯。

这个人喝完之后并不用结账,服务员则会把墙上的咖啡单撕下来一

张。原来,这是当地居民向穷人表达尊敬的一种方式。穷人不必卑躬屈膝、降低尊严,就可以享受咖啡的温暖和美味。

一个人高贵与否,不一定在于经济差距,而在于人的本性。高贵是源自内心的本善担当。贵气就是一种慈悲、一种责任、一种担当。土豪可以一夜暴富,但是贵气却需要三代以上的培养。正如孔子所说:富而不骄,莫若富而好礼。

一个心灵高贵的人,在举手投足间都会透露出优雅的品质;一个道德高贵的社会,其中的大街小巷都会流露出和谐的温馨;一个气节高贵的民族,一定是一个让人尊崇、膜拜的民族。千万别让富而不贵成为永久的痛。

贵族精神的高贵之处就是干净地活着、优雅地活着、有尊严地活着。他不会为了一些眼前短暂的现实利益背信弃义、不择手段。所以,精神的贵族不一定富有,而富人不一定是贵族,因为贵族精神不是可以用钱买来的。

2011年3月,我的恩师茅于轼教授为我写下了一段话:"段绍译,我为你现在已经取得的成就感到欣慰,但你应该进一步完善自己,成为一名处处受人尊敬的绅士。贵族的成员就是绅士或中国的君子,其核心部分是尊重他人、克制自己;谈吐文雅、幽默,值得回味;知识渊博、喜欢读书,有强烈的好奇心;对知识热心追求,虚怀若谷、善于听取别人的意见,并认真思考,学习其中对自己的修养有用的部分。"希望更多的朋友能够从茅老的话中得到一些感悟,并让自己成为一名品质高贵的人。

有企图心和好眼光才能赚大钱

- 穷人表面上缺资金，本质上缺企图心和好眼光
- 有企图心才有机会成为富人
- 企图心和好眼光决定你能否成功
- 机遇只垂青于有企图心的人
- 投机与财富的创造

你就是下一个有钱人

穷人表面上缺资金，本质上缺企图心和好眼光

"一天三顿饱，老婆孩子热炕头"。一辈子捧着"铁饭碗"的人，永远没有赚钱的机会。"够用就行，要那么多钱干吗"是那些赚不到钱的人聊以自慰的"名言"。

穷是因为你没有企图心！穷人表面上缺资金，本质上缺企图心和好眼光，骨子里缺勇气，想要改变时缺行动。

导致很多人贫穷根源的九大死穴分别是：①总找借口（22%）；②恐惧（19%）；③拒绝学习（11%）；④犹豫不决（13%）；⑤拖延（9%）；⑥三分钟热度（8%）；⑦害怕被拒绝（7%）；⑧自我设限（6%）；⑨逃避现实（5%）。

考虑一千次，不如去做一次！犹豫一万次，不如奋力搏一次！

有人问农夫："你种了麦子了吗？"农夫说："没有，我担心天不下雨。"那人又问："那你种了棉花没有？"农夫回答："没有，我担心虫子吃了棉花。"那人再问："那你种了什么？"农夫肯定地说："什么也没种，我要确保安全。"

对于一个不愿付出、不愿冒风险的人以及等待条件成熟再干的人来说，一事无成是再自然不过的事。

要赚钱，就必须有强烈的企图心。企图心是你内心的声音，是梦想、是企图、是伟大理想、是一定要实现的宏伟目标、是赚钱的原动力！它告诉你可以而且应该努力去超越人生的处境或者限制。你必须克服障碍，扛住压力，打消自我怀疑。试看天下财富英雄，哪个没有强烈的企图心？比如洛克菲勒、比尔·盖茨、戴尔、乔布斯、李嘉诚等，这些富人都有强大的企图心，所以他们成功了，而且很富有。

马云说："在创办阿里巴巴时，我请了24个朋友来我家商量。我整整讲了两个小时，他们听得稀里糊涂，我也讲得稀里糊涂。最后问他们到底怎么样,其中23个人说算了吧,只有一个在银行上班的朋友说你可以试试看,不行的话赶紧逃回来。我想了一个晚上,第二天早上还是决定干,哪怕24个人全都反对,我也要干。"

当时,马云遭到了亲朋好友的强烈反对。"其实,最大的决心并不是我对互联网有很大的信心,而是我觉得做一件事,无论失败与成功,经历就是一种成功。你去闯一闯,不行的话你还可以掉头;但是如果你不做,就和'晚上想想千条路,早上起来走原路'是一样的道理。"

有企图心不是坏事,因为只有这样才有动力、有办法、有行动。没有财富企图心,就没有想法;没有想法,就没有行动;没有行动,就没有改变;没有改变,就不可能有财富。

人穷烧香,志短算命。要赚钱,一定要有企图心。一个人要是没有企图心,就永远只能是一个小小的员工;一个学生,如果仅以60分作为自己的学习目标,肯定不会出类拔萃;一个员工,如果只以养家糊口为自己的人生目标,可能一辈子都要为微薄的工资疲于奔命;一个运动员,如果他的人生目标只是在国家队混碗饭吃,就永远不可能打破世界纪录。你必须以比普通人更高的眼光来看待自己,否则你就永远无法出人头地。

 你就是下一个有钱人

"90后"小伙开农家乐年入百万元

邱智康生于1992年，是广州市增城区林庄农家乐的老板，开农家院已经5年。莲塘村有40多个农家院，邱智康的农家院是起步最早、生意最红火的一个，而且在40多位农家院老板当中，他的年龄还是最小的一个。

这个只有初中文化的小伙子，是怎样在短短的几年之内做到年入百万的呢？在他的经营过程当中，到底有着哪些独特的经营秘诀呢？

邱智康经营农家院的第一个秘诀是地道的农家菜，而且是和别人不同的农家菜。邱智康高薪聘请有着20多年厨师经验的姨父加入到自己的农家乐。竹筒丸子、农家鸡饭等地道的农家菜深受顾客的欢迎，成为每桌客人必点的农家菜。

邱智康经营农家院的第二个秘诀是采用本地新鲜的食材。俗话说，"食在广州，味在增城"。增城的美食不仅仅有皇家贡品水南白蔗，还有小楼迟菜心等知名蔬菜。为了保证农家乐蔬菜的新鲜，邱智康就地取材，从本村村民的地里直接采购，村民们免去了去市场卖菜的环节，他们腾出时间，帮邱智康的农家乐切菜、择菜、洗菜，为邱智康提供了增值服务。

邱智康经营农家院的第三个秘诀是为顾客提供超出预期的增值服务。在莲塘村，长期驻扎着一家马戏团，马戏团的驻地离邱智康的农家院只有几百米的距离，邱智康和马戏团达成了一个合作协议，内容就是凡是在他那里用餐的客人，都可以半价来这里观看马戏表演。这样一个小小的农家院都可以给客人提供如此超值的服务，引得客人们纷至沓来。

邱智康为客人提供的增值服务还有免费骑单车。邱智康是莲塘村40多个农家乐里面第一个为客人提供这一服务的人。

之所以提供这项服务，是因为在距离邱智康的农家乐两公里的地方，有一条江名为增江。在增江的边上，种植着1000多亩竹林；而在竹林之中，有一条绿道穿行其中。很多广州人在周末的时候，都会来这里休闲，并选择这条绿道作为骑行线路。

开车来莲塘村的农家乐就餐，吃完饭之后，还能享受到免费骑单车的服务，这极大地超出了客人的预期。通过口碑传播，越来越多的客人把莲塘村作为自己周末休闲的好去处。

如今，邱智康的农家乐每到周末都有几百人的客流量，每年的利润都超过了百万元。

你就是下一个有钱人

有企图心才有机会成为富人

为什么你一直是打工仔？因为你安于现状！因为你没有勇气！你没有极度渴望成为富人的企图心！你缺乏变不可能为可能的巨大决心！虽然你曾想过改变你的生活、改变你穷困的命运，但是你没有做，因为你不敢做！你害怕输，你害怕输得一穷再穷！你最后连想都不敢想了，你觉得自己也算努力了、拼搏了，你抱着雄心大志，结果你没看到预想的成就，你就放弃了。那么你就只能是一个打工仔！

说说一个叫李勇的打工汉。20多年前，他和潘石屹在深圳的南头边关相识，走深圳、闯海南，一起挑过红砖，一起抬过预制板，同吃过一份盒饭，同喝过一瓶矿泉水，成了一对共患难的"苦友"。然而，如今的李勇仍然辗转各地打工，而潘石屹却成了拥有300亿元的SOHO中国有限公司董事长兼联席总裁。他们的命运、人生道路为什么会有如此大的落差呢？

李勇感慨地说："以前，我以为潘石屹的成功很偶然，可现在不这样认为了。因为每当在生活的岔道口，我只图安稳，满足于知道自己第二天能干什么工作，害怕失去现有的一切。当初，我还觉得潘石屹每次都是瞎折腾。现在想来，他每次再折腾时，都有了更高的起点，终于折腾成了拥有几百亿的富翁！这就是我跟他的区别呀！"

李勇的反思的确有道理。普通人之所以普通，是因为大多数人贪图安逸，只要能吃上馒头，就不会再奢求蛋糕！而潘石屹的成功，与他"能折腾"息息相关。因为，只有敢于折腾，永远不满足现状，才能赢得机会，才能不断占据更高的人生新起点，获得新的成功！

这样的人生虽然充满了动荡与坎坷，但正应了"无限风光在险峰"这句诗，经过磨砺的人生才能大放异彩！李勇和潘石屹的人生之所以产生这么大的落差，其原因难道不正在于此吗？

企图心是成功的出发点。大部分人之所以贫穷，大多是因为他们有一种无可救药的弱点：缺乏企图心。总是有太多顾虑，面对未来的许多不确定因素，他不去想一万，总去想万一，越想越害怕，结果无数的可能性就在这种犹豫和等待中化为乌有。

一个贫苦不堪的勤杂工，却因一次人前的难堪，一次刻骨铭心的受窘，竟然成为举世瞩目、无比富有的女中豪杰！

最初，她在一家大公司里上班，是工作在最底层的员工，每天的工作就是端茶倒水、清扫卫生，根本没有人注意她。一次，因为没带工作证，她被公司的门卫拦在门外，不准进入。她告诉门卫，自己确确实实是公司的员工，此次是为公司买办公用品去了。然而她好话说了一大堆，门卫仍然对她不屑一顾，不准她入内。

这期间，她眼睁睁地看着那些年龄相仿、身着职业装的白领们先后进入了公司的大门，根本没有出示工作证。于是她问门卫："这些人没有出示工作证，怎么也都进去了？"门卫用一种鄙视的目光上上下下打量了她一番，冷冷地一摆手，那意思就是说："走远点，别烦我！"她感到了莫大的羞辱，自尊心仿佛被门卫狠狠地踩在脚下，踩个稀巴烂！她看看自己寒酸的衣着和手中推着的脏兮兮的平板车，她的心被深深地刺痛了，骤然品尝到被人歧视的酸楚。她的心发跳、脸发烫、浑身颤抖。

这时，就在这时，一个誓言在她的心头轰然炸响：我一定要创造奇迹，成为万人瞩目的富姐，成为举世闻名的强人！让这种耻辱永远地埋藏在地下！

从此以后，她开始利用一切机会来充实自己。每一天，她第一个来公司，最后一个离开。她分秒必争，将别人随随便便丢掉的时间都花在了学习和工作上。很快，她就脱颖而出了。在同一批聘用者中，她第一个做了业务代表。接着，她又依靠超人的努力，成为这家跨国公司的中国区总经理！她学历并不高，只有自考专科文凭，但她在中国的职业经理人中被尊为"打工皇后"。后来，她又出任微软公司中国公司的总经理。

她，就是商界女杰吴士宏！

试想，如果当初吴士宏没有改变命运的决心，没有成为富人的企图心，或许她一辈子都是那个贫穷而卑微的勤杂工！

 你就是下一个有钱人

企图心和好眼光决定你能否成功

如果你想成为一个亿万富翁,你可能会成为一个千万富翁;如果你想成为一个千万富翁,你可能会成为一个百万富翁;如果你想成为一个百万富翁,那你很可能可能做一个拿工资的温饱族。

有一个卖水果的摊子,老板因为年岁大了,无法久站招呼客人,于是就贴条子征店员。

过了几天,来了一个年轻男子,问老板一个月要用多少钱请他来帮忙,老板笑着说:"我们这小摊子生意,哪里付得出月薪,当然是看你的努力。一天能卖多少水果,收到的钱就给你十分之一,你每天都能领现金。"

年轻人听了,上下打量了一下眼前这个破旧摊子,就臭着脸说不行,这太没保障了,说完掉头就走。

过了几天,又来了一位小伙子,问老板薪水怎么算,老板又把领日薪的话说了一遍。这位小伙子听后也想了一下,又问:"日领月领都没有关系,重要的是这水果摊一个月收入大概多少啊?"老板说卖水果要分季节,生意也有淡旺季,好的话可能有5万元,不好的话可能只有1万元。小伙子听了破口大骂,说这种生意做一辈子也得不到荣华富贵,只有笨蛋才会来卖水果。同样,他说完就走了。

又过了几天,又来了一位小伙子,问老板薪水怎么算,老板同样是说领日薪。小伙子听后笑了笑,对老板说:"可不可以在节日和周末时,把日薪的抽成比例调高,领当日收入的十分之二?如果当天收入超过1万元,就领十分之三,如何?"老板哈哈大笑,摸着小伙子的头说:"你真聪明,还知道节日和周末的生意比较好,就按照你所说的去做吧!不过,就算是节日或周末,营业收入要超过1万元,可不容易啊!"就这样,小伙子开始用清水把水果都洗一遍,然后每天不停地变换水果的位置。在节日或周

末时，就贴出几张海报，写着消费满1000元就送100元的水果，任由顾客挑选。想不到小伙子第一个月就领到了3万元以上的薪水，等于平均日薪1000元以上。

水果摊老板虽然付出了不少薪水给小伙子，但他也乐得每天坐在摇椅上看小伙子跑进跑出的，为他赚进比以前更多的钞票。

几年后，小伙子赚了不少钱，就把老板的水果摊买了下来。经过他的巧思，设计出了更多的促销方案，生意比以前更好，利润当然也更高。于是，他立刻开了第二家店，过几个月又开了第三家店。等到他快30岁时，他已经成为亿万富翁，拥有了荣华富贵。

有企图心不一定能成功，但是没企图心一定不成功。

企图心决定你的目标，决定你的行为，决定你的方法，决定你的结果！

我要，我就能；我一定要，我就一定能。不是能力决定你的成功，而是你的企图心决定"你一定会去准备相应的能力"；不是现有的方法在决定你的成功，而是企图心决定"你一定能找到成功的方法"。

纵观历史上所有白手起家的大富豪，无不是有着一颗不甘平庸的企图心，边干边寻找机会、创造机会，最终才有了好的结果。马云高考考了好几年都没考上，好不容易才考上了杭州师范学院外语系，毕业以后当了5年英语老师。后来，他突然决定到北京去做生意，中间也做了很多小买卖，但都没做成。失败以后，他去爬长城，因为不到长城非好汉！他在长城上发誓，要办一个世界上最伟大的公司。现在才过了十几年，居然成功了。

他为什么成功了？就是因为他变得和普通人不一样了：他不再当老师了，不再朝九晚五了，不在课堂上讲课了。他开始改为求人做生意了。他脱离了所有的常轨，肯定社保也没有了，所有的保障都没了，然后就去做这件事情，虽死无憾。结果，马云把这事慢慢做起来了，而且他的公司现在是全球最伟大的公司之一。

你今天的结果取决于你的行动，你的行动取决于你的思想，你的思想取决于你的信念,你的信念取决于你的企图心。所以,你有什么样的企图心,你就会有什么样的结果。

在你心目中,你认为你自己是什么,你就是什么。有句话说:"心有多大,舞台就有多大。"那些随遇而安、容易满足的人,是不可能用更高的标准来激励自己的。一个真正的成功者一定是一个具有企图心、志向远大的人。

案例 从"混混儿"到百亿身家：暴风冯鑫的双面人生

曾经的他是个"混混儿"。一次偶然的机会，他进入了互联网领域，这让他的人生从此不同。曾经的落魄少年成长为如今成熟睿智的上市公司总裁，在这之中又有多少的辛酸历程？无论是加入金山还是离开雅虎，果敢的性格和清晰的目标都是他成功的根源。

自主创业时，面临工作与生活的双重挑战，他也曾濒临抑郁症的边缘。好在上天眷顾这位商界天才，让他峰回路转、柳暗花明。到底他是怎样从不名一文到亿万富翁的呢？他的得意之作"暴风魔镜3代"又有哪些独到之处？

一、现实中的草根逆袭

2015年5月23日下午，微信公众号"中国文联"的作者小马宋分享了一篇朋友圈文章，一天内的点击量超过50万。这篇文章题为《三年，从月薪8K到资产千万，他是我一个同事》，听起来很像一个草根逆袭的励志故事，但实际上它是一则当时最新的暴风科技招聘广告。

广告中描述的是一个程序员在短期内财富暴增的故事，听起来不可思议但又真实可寻。这个故事就出自暴风科技。

就在这条广告发布的两个月前（2015年3月），暴风科技上市了。暴风公司内部创造出了10位亿万富翁、31位千万富翁和66位百万富翁。而公司CEO冯鑫的个人身价已经飞升到60亿人民币左右。

暴风科技上市之后的疯涨已经成为中国股市的奇观。截至2015年6月30日，暴风科技在创业板的股价已经涨了41倍，被称为今年新股中的"妖股""神股"。

暴风科技的投资者之一、IDG资本创始合伙人熊晓鸽参加了暴风科技上市的发布会。他说，IDG所投的公司有80多家已经上市了，包括百度、腾讯等（但这些公司上市时他都没有去现场），但暴风科技的上市具有标志性，会成为未来诞生在中国股市的类BAT（百度、阿里巴巴、腾讯）的

巨头。

暴风科技是第一家拆除VIE（可变利益实体）结构回归A股上市的互联网公司，其上市后的连续39个涨停板震惊了沪深两市。这一现象也引发了一大批优秀公司回归A股的热潮。

二、百亿身家老板也曾是个屌丝

然而，这个创造财富神话、掀起回归A股上市热潮的冯鑫却曾说自己是一个"混混儿"。他是如何从一个"混混儿"变成一个上百亿市值公司的掌门人的呢？

冯鑫在大学二年级时曾差点被劝退，后于1993年大学毕业。因为没有学位证，被"分配"到山西矿务局。但他在那里又不好好工作，只顾着读《尤利西斯》。毕业后的四五年时间里，他在人生的路上辗转，自己注册公司做BP机维修、做煤炭运输、当历史老师、开馒头厂、卖喔喔奶糖、拿着简历在国展找工作……这些经历给了他一个答案："为了吃饭而找工作，这不是我想要的生活。"

1998年春节，他在看了陈惠湘写的《联想为什么》和杨元庆、郭为的故事后，才知道原来在北京有这么一帮有梦想、有技术的年轻人。他直接拿着简历去联想大楼面试，结果被拒绝。1999年，阴差阳错之下，冯鑫去了联想投资的金山公司。

进入金山公司，是冯鑫人生中的第一个转折点。

当时，金山毒霸刚刚推出，而江民软件（KV）和瑞星杀毒已经发展了多年，能卖到200多元一套。为了抢占市场，冯鑫推出了3个月试用版的金山毒霸，只卖5元。一个简单的定价策略，几乎把所有的"码头"抢占下来。此后，冯鑫奇招迭出。比如租软件，也就是干脆不卖杀毒软件了，客户花198元把软件租回去，3个月后可以无条件退货。当时的金山毒霸在全国范围内一天可卖2万套，而冯鑫单在成都就能卖1万套。于是，冯鑫名震西南，很快就升至市场总监、毒霸事业部副总经理。

2004年7月，冯鑫出任雅虎中国个人软件事业部总经理。入职之后的第一单合同就震撼了冯鑫：不过为了一句话的广告，易趣一年就投了180万元。这笔没有库存、没有物流的广告业务，让冯鑫见识了互联网的威力。

"我要做一个互联网软件帝国，做一切。"因为这样一个看似不切实际的想法，冯鑫于2005年离开雅虎开始创业，这是他人生中的第二个转折点。他带着对互联网软件的理解，组建了注册资本50万元人民币的酷热影音。

从2006年搭建VIE架构，引入IDG的美元投资开始，冯鑫就是冲着将暴风影音带到美国上市的目标去的。2011年，他接受《创业家》采访时高兴地说，暴风科技即将上市。

2009~2011年，酷6、乐视、优酷、土豆等视频网站都先后在国内外资本市场上市，那时暴风其实已在创业板排队上市了，但中国股市却突然停发新股，且一停就是4年。暴风的"即将上市"也"即将"了4年。

三、为上市而差点得抑郁症的CEO

冯鑫在接受《创业家》记者雷晓宇采访时，曾这样描绘自己4年来的煎熬状态："在国内上市是蛮痛苦的，要求比在美国上市高多了。美国是披露制，你该干嘛干嘛，只要（做好信息）披露就好了。国内要求很多，利润啊什么的，导致你的发展处处受影响。比如说，你可能要为了保持利润，在投入上缩手缩脚；或者你怕违规，所以在版权问题上会比别人严苛，一点都不敢出事。"

"有一阵子，我几乎每天都去证监会大楼。每周去两三次，坚持了两三个月。在那儿排队的都是公司老板，希望预审员和处长们理解你、信任你，进行各种各样的沟通。"

等待上市的过程很煎熬。这时，阿里巴巴找上门来，表示希望收购暴风。

"2013年年底，和阿里已经谈得很深了。我去了杭州两三次，他们也过来了很多次。（当时是）陆兆禧（时任阿里巴巴集团CEO）在前头做这件事。当时谈得很狠，大量股份被他们拿掉，但是约定未来几年投差不多9亿美元做这件事，（然后）阿里再跟我们资源互换一下。这是我唯一松口的（一次），谈了2个多月。不过后来因为具体什么原因没有谈拢，都说不清楚了。"

你就是下一个有钱人

事业上很压抑，生活上，冯鑫也很糟心。2014年大年初一，冯鑫的母亲突然在家"哐"地一下倒下了，被紧急送到医院重症监护室。冯鑫年轻的时候就跟母亲住在一起，感情非常好。节假日里，冯鑫很少出门，就在家里看书，而他母亲就在旁边扒拉青菜。每年春节，冯鑫都跟母亲一起过。

"我妈在ICU住了20多天，外面的人全都进不去，随时（都可能）接到死亡通知书。那种恐惧实在太夸张了。"

"还有就是对过去的悔恨。总在想那天我为什么没多陪她说说话或者一起出去散散步……就是祥林嫂思维。这三个都是很差的状态，我那会儿全出现了。"

"还有就是疲惫不堪。我每天来回跑，一天假都没请。因为不能进ICU病房，只能去上班。上班我也不说话，每天开着车到（北京）南三环，晚上回来都疯了，都不知道自己是谁。"

"这种状态一直持续了3个月左右。我真的差点儿得抑郁症。有一个周日，我到我妈那屋待了一会儿，然后就在那待着。四五个小时，没抽烟，也没喝水。"

最难的时候，拉卡拉创始人孙陶然的一席话让冯鑫选择了坚持。

"当时孙陶然跟我说：'（上市）这种事，（必须）一条道跑到黑，想都不要想！就是你今年不上明年上，明年不上后年上，5年不上10年上，就是死磕！你不要左一下、右一下。当年金山一会儿香港，一会儿日本，胡扯！最后就是这么折腾死的。'我觉得，孙陶然这话符合我的调调，来劲！他说完我就不想了。受限就受限，我尽可能不受限，我就干我的活儿。"

四、暴风魔镜能承载千亿市值的想象空间吗？

冯鑫认为，暴风有可能变成一个比乐视还大的平台。乐视上市后，从视频网站领域拓展到乐视电视（硬件）、乐视影业、乐视电商、乐视手机等，构建了一个庞大的生态，资本市场也给了它高达1109亿元的市值。

上市后，冯鑫把宝押在了暴风魔镜身上，打算构建基于"暴风影音（内容）+暴风魔镜"的生态系统。但是，如果暴风的市值要从现在的370亿元涨到超千亿元，暴风魔镜能承载起这个想象空间吗？

大家可能会问，暴风魔镜是什么？暴风魔镜就是一款虚拟现实眼镜，配合魔镜APP，在手机上看电影可以实现IMAX效果，观看普通电影可以实现影院的观影效果。

从产品上讲，暴风魔镜跟美国的Oculus相比，体验上未必更好，但其商业玩法更值得玩味。

"原来我不（会）找大风口、不懂管理、不懂融资。（但）这三大缺陷，魔镜全都解决了。到了魔镜，我完全不一样了。我抛弃了所有公司的想法，只是按照一个很对的心去做它就好了。魔镜一开始，我是（把它）当成一个项目在做，慢慢就很明确要（把它）做成一个独立的公司。

"这个公司其实很简单，就是找一个最大的未来，融最多的钱，找最优秀的人才，然后它就压根儿不要变成一个公司，要变成（一个）最快速度的组织。"

2015年6月4日，冯鑫在北京中山公园音乐堂发布了暴风魔镜3代和暴风魔镜生态。

暴风魔镜3代运用自己的算法处理了畸变和色差补偿等问题。冯鑫称，暴风魔镜3代已经破除了播放不流畅的难题。此外，这一系列产品还在透镜上加入了防蓝光保护，在全景视频上将画质提升了一倍。

在影视方面，冯鑫表示除了与星美文化开展IP（知识产权）合作外，还将共建VR（虚拟现实）主题乐园。在游戏方面，暴风科技正式推出了虚拟现实社交游戏《极乐王国》。冯鑫称，已有一万多人登录该游戏，平均每人的游戏时长约为27分钟。此外，触控科技CEO陈昊芝还表示将与暴风在虚拟现实游戏引擎上进行合作。在渠道上，由于暴风魔镜在首轮融资中引入了天音、爱施德两家全国手机分销商，此次还宣布了将推出虚拟现实线下体验店的计划。

暴风魔镜和冯鑫所构建的暴风生态，能否承载暴风的千亿市值想象空间？我们对此暂时不得而知。冯鑫一直是靠小米加步枪和不怎么好的运气走到今天的；但现在他掌握了资本这个"核武器"，也许会让商业世界为之颤抖！

你就是下一个有钱人

机遇只垂青于有企图心的人

如果不想贫苦一生,就要燃烧赚钱的企图心。俗话说,机不可失,时不再来。当你畏首畏尾,不敢迈动哪怕是极小的一步时,滚滚的财源就会从你的脚下悄悄地溜走。

富勒生活在贫民区,家中有7个兄弟姐妹。他从5岁开始工作,9岁时就会赶骡子。他有一位了不起的母亲,她经常和儿子谈自己的梦想:"我们不应该这么穷!不要说贫穷是上帝的旨意!我们很穷,但不能怨天尤人。那是因为你的爸爸从未有过改变贫穷的欲望,家中每一个人都胸无大志。"这些话深植于富勒的内心,所以他一心想跻身于富人之列,努力追求财富。

后来,富勒接手了一家被拍卖的公司,并且还陆续收购了7家公司。谈及成功的秘诀,他还是用多年前母亲的话来回答:"我们很穷,但不能怨天尤人。那是因为我的爸爸从未有过改变贫穷的欲望,家中每一个人都胸无大志。"富勒在演讲中多次说到:"虽然我不能成为富人的后代,但我可以成为富人的祖先。"

富勒的例子很好地解释了赚钱的企图心的力量有多么强大。只要有了赚钱的企图心,再加上对我的"稀缺理论"的理解,人生就不容易贫穷。

有人说,机遇只垂青于有准备的人;我说,机遇只垂青于有企图心的人。永远不要忘了:没有企图心,机遇只会从你身边悄然远去,而不会停下来等待着你去发现。

法国有个报业大王。在他小的时候,家里很穷,他7岁时就开始在街上卖报。虽说那个时候很穷,但因为他以此为生,他在那时就暗下决心,非要做个报业大王。经过努力,他在54岁时终于实现了自己的愿望,成了法国的传媒大亨,跻身于富翁行列。因此,一个人的企图心和远大的目标对于一个人的影响是一生的。

贫穷是可以摆脱的，财富并非想象得那么遥远。要想致富，就需要有强烈的致富欲望，一个没有致富欲望的人不可能成为一个富人。因此，要想让自己成为一个富翁，就要有强烈的致富企图心。

企图心有多大，就能克服多大的困难，就能跨越多大的险阻。你完全可以挖掘出生命中的潜力，激发出成功的欲望，因为欲望在这个时候就会化作力量。

韩国前总统金泳三出身也很贫寒，他的父母是一个小岛上的渔民。他在中学读书时，就写下了"金泳三——未来的总统"的条幅。他把这个条幅贴在自己宿舍的墙上。正是这种略带"野心"的远大志向，驱使他在成功的道路上坚忍不拔，最终成就了一番伟大的事业。

有了企图心，人的行为就有了推动力，就可以有力量攫取更多的资源。

阻碍我们赚钱的是我们心理上的障碍和思想中的顽石。有些事如果你连想都不敢想，请问你如何能做到？

抱着怀疑的想法去做某件事，并渴望成功，结果可想而知。赚钱难，并不是因为钱真的难赚，而是因为你先有了一个"赚钱难"的心态和思想，然后去赚钱，结果只能望而空叹！

想要赚钱，最重要的前提条件就是你要有强烈的赚钱企图心。如果没有的话，请从现在开始改变。

现实与理想的差距只是观念、行动加上时间的差距而已。如果希望改变，首先应该明确地知道你所想要达到的目标是什么，其次就要向着这个目标不断地采取行动，最后还要有高度的敏锐感，也就是需要知道目前采取的行动是离目标越来越近还是越来越远。

你就是下一个有钱人

案例 "80后"小伙两年半开了8家公司，年销售额7000万元

刘鹏飞于1983年出生于江西省宁都县一个小山村。2003年，他考入江西九江学院。为了减轻家里的负担，他做过很多兼职，用赚到的钱支付大学学费和生活费。

2007年大学毕业后，刘鹏飞选择到义乌打工。"当时身上的钱本来就不多，可我想着得买台电脑，有了电脑我就可以不断学习。"买完电脑以后，他口袋里就只剩下5元钱了。

没钱咋创业？刘鹏飞决定先给人打工。第一个月的工资付了房租以后，手里只剩下400元。当时租的房子很小，只能容纳一张床，这让他更加迫切地想创业，改变现状。

一、发现商机

有一天晚上，刘鹏飞出门散步，见路人都驻足仰望天空的灯笼，他一问，原来这就是"孔明灯"。他突然有了创业的灵感。

当晚，刘鹏飞便买了一只孔明灯，回家拆开一研究，发现它的结构非常简单。第二天，他跑到国际商贸城去寻找货源，发现卖孔明灯的商家寥寥无几，而全国生产孔明灯的厂家只有10家左右，这一发现更是让他兴奋。

拿到第二个月打工挣到的1400元工资后，刘鹏飞炒了老板的"鱿鱼"。他用其中的400元进了100多只孔明灯，开始做电子商务。

二、市场分析

刘鹏飞对孔明灯进行全面评估以后，发现其中蕴藏着巨大的商机："当时国际商贸城卖孔明灯的商铺只有三四家，竞争不激烈，而孔明灯制作起来很简单，投资不大，利润又很高，而且它在国外市场更是一片空白。"

对电子商务有所了解的刘鹏飞通过上网查询，发现阿里巴巴、中国制造等平台上都没有人销售孔明灯，但国外却有客商通过谷歌搜索引擎求购孔明灯。

三、转变思路

2007年年底，一家温州外贸公司在阿里巴巴上找到刘鹏飞，提出订购

20万元的孔明灯，条件是先上门考察。可是，当时的刘鹏飞根本就没有工厂，连接待客户的办公室都没有。刘鹏飞把实际情况和盘托出，因为他态度诚恳，客户依然下了订单。就这样，刘鹏飞赚到了9万元。

2007年10月，他成立了以孔明灯生产为主的飞天灯具厂；2008年，他陆续在仙居、义乌、金华等地建立了6家工厂，以满足更多的订单需求。

2008年，全国孔明灯厂家从2007年的10家左右迅速发展到100多家，市场竞争越来越激烈，厂家之间打起了价格战。刘鹏飞意识到，把孔明灯推向国外市场，才是最好的出路。

为了让对中国传统文化了解不多的国外消费者接受、喜爱孔明灯，刘鹏飞通过阿里巴巴出口通和谷歌搜索引擎不断地把"会飞的中国灯笼"介绍给国外客商，让孔明灯拥有了大批外国"粉丝"。

四、搞定大客户

2008年8月，刘鹏飞通过网络，得知德国第三大零售商有一个150万只孔明灯的巨大订单，一时间在行业内掀起轩然大波。"这么大的订单，（我们）当然想接。不过，他们第一批货就要60万只，而且要求一个半月交货，这对我们是巨大的挑战。"当时，刘鹏飞的工厂每天产量只有5000只，而按照德国订单的要求，日产量必须达到20000只才行。

刘鹏飞当机立断，火速招人，扩大生产规模，并找同行合作，一起完成订单。"我找了很多同行，但是没人敢跟我合作。虽然利润空间比较大，但（这个订单）确实是'烫手山芋'。"历经千辛万苦，刘鹏飞终于找到了合作伙伴，顺利完成了订单。

五、发掘新机遇

2008年6月，一位投奔他的学弟发现十字绣行业投资少、门槛低，国内规模企业也不多，便向刘鹏飞做了推荐。2个月后，由刘鹏飞投资的主营十字绣的公司正式成立。

后来，他总共投资设立了8家公司，涉及孔明灯、十字绣、数字油画、荧光板、印刷、家居、服饰等多个领域。在创业两年半后，刘鹏飞的8家公司的年销售额就已达7000万元以上。

投机与财富的创造

投机活动是指既不是为了生产、又不是为了消费,买进只是为了在将来价格波动时卖出,并从买卖差价中赚钱的活动。这主要包括人们在房地产、股票、期货和外汇等行业中的投机行为,也包括囤积居奇、制造价格差并从中渔利的投机行为。

在计划经济时代,我国是不允许投机的。1980年之前,连贩运都是被禁止的投机活动。这种政策使得地区之间不能货畅其流,各地的"比较优势"不能得到发挥。

实际上,在空间上调剂商品的余缺是能创造财富的,因为这样可以通过各个地区不同的"比较优势"为社会节约生产成本。同理,在时间上调剂余缺同样能节约生产成本,并创造财富。

所以,只要投机能赚钱就是好事,就有利于国民经济的发展。正因为此,所有真正的市场经济国家都不禁止投机。但有一点我们必须明白:就整个投机者所构成的集团而言,只有整个集团内部盈亏相抵之后仍有正的净利润的投机才是对社会有利的,正的净利润就是为社会创造出的新财富。

以中国股市为例。20多年来,我国股市发生了多次大的波动。当大批股民被"套牢"时,整个投机集团产生的就是负利润。这种情况不但不利于股民,也不利于整个国民经济的发展。但即使在大部分股民被"套牢"的情况下,也有不少股民发了财,但他们赚的钱就是其他股民亏的钱。这时候买股票就相当于赌博,离投资的本意就相去甚远了。就整个股市而言,它是否可能有正的利润?这个利润又从何而来呢?对前一个问题的回答是肯定的,即股票作为投资,确实能给人带来回报。

股票的利润来自两个方面:一是企业分配给股东的利润,这部分利润的高低取决于该企业的经营业绩;二是来自对企业前景的正确判断。比方说有一家上市企业，由于管理不善，盈利水平很低，因而其股票价格很低。但它的产品有销路，它的生产技术也不错，只要改善管理，盈利水平很快就可以上去。如果是基于这种对企业前景的正确判断而买进它的股票，以后就很可能实现较高的利润。如果股票价格真的因为企业利润的增加而上升，股民就可以真的得到更多的利润。除了上面这两个利润来源，再也没有别的因素可以为整个股市的股民提供利润了。所以，理智的股民要关心企业经营的实际业绩和未来的发展前景，从而决定在什么样的价格条件下去买哪些企业的股票。股民自己要有主见，不要轻易跟着股市大潮盲目行动，更不要轻信某些"黑嘴"股评家的妄评。

另外，只有存在价格差别时，投机买卖才可能赚钱。如果市场价格没有变化，投机者就无法赚钱。但如果价格波动是投机集团故意制造出来的，那么整个投机集团内部赚的钱将等于亏的钱；如果因为投机集团过度投机而造成价格混乱，成功诱使他人在高价时参与抢购，则投机分子将能赚钱。然而，也存在另一种可能，即他人乘价格下跌的机会而超额购进且价格最终上扬，则投机集团将会赔钱。从长远来讲，想要靠投机赚钱，必须存在时间上的价格波动，而且必须是在低价时购进，并在高价时售出。否则，就一定会赔钱。

对于房地产市场而言，如果没有投机市场，许多城市及城市周围的土地价格将很可能被低估，结果造成一些占地很大的生产活动占据了将来很可能变为繁华商业地段的土地。有了房地产投机活动，未来的价格就可能提前反映出来。这时候，投机活动是有利于整体经济的。所以，房地产投机同样有可能创造财富。

下面用一个简单的例子来说明投机赚钱能够创造财富。

比方说，2013 年 8 月的钢材价格为 4000 元/吨，而你预见到 2014 年市场对钢材的需求会大量增加，因而价格有可能涨到 5000 元/吨，所以你决定在 2013 年 8 月买进 10000 吨。如果 2014 年的钢材价格真的涨到了 5000 元/吨，那你就赚了 1000 万元的利润。这相当于你为社会创造了 1000 万元的财富。但如果 2014 年钢材的市场价格并没有涨到 5000 元/吨，而是跌到了3000元/吨，那你会有1000万元的亏损，相当于你为社会浪费了1000万元的财富。

  为什么要这么说呢？因为2013年8月钢材的市场价格在4000元/吨时因你的大量购买而多了一个"投机需求"，从而会造成价格提前上涨。价格的提前上涨会吸引现有的钢铁公司加班加点多生产钢材来满足市场需求，甚至吸引其他利润很低的企业改行来生产钢材。而如果2014年钢材价格真的涨到5000元/吨时，你决定向市场抛售前一年购买的钢材，这时市场因为你的抛售而多了一个"投机供应"，能防止价格进一步上涨，你又对稳定市场价格做出了贡献。因为如果你不抛售，市场上的钢材会更短缺，价格还会涨得更高。所以，你得到的利润是因为你为市场提供了正确的价格信号，并为平抑钢材价格继续上涨而得到的奖励。如果你2013年不大量买进钢材，就不会吸引厂家增加产量，这会造成2014年市场上的钢材更加短缺；而如果钢材价格在2014年涨到5000元/吨时你不抛售，那么市场上的钢材也会更加短缺，价格还会涨得更高，正是因为你抛售钢材赚了钱才增加了市场的供应，市场价格也就因你赚了钱而更加稳定了。所以市场奖励你是对的。

  相反，如果2014年市场并不像你预期的那样需要那么多钢材，2014年的价格变成了3000元/吨，那你就会亏损1000万元。你的这些亏损实际上就是因为你给市场提供了错误的价格信号，从而导致了资源浪费得到的惩罚。市场为什么要惩罚你呢？因为2014年的市场本来不需要这么多钢材，是因为你在2013年错误地判断行情并大量囤积货源而造成了2013年的钢材市场出现了虚假的供不应求的状况。这个虚假需求引起了价格的非正常上涨，而这种上涨又误导钢铁企业增加产量，并可能让其他行业的企业改行来生产钢材。而2014年本来就不需要这么多钢材，钢材产量的增加是因为你的误导造成的。所以，当2014年的钢材供过于求时，市场价格必然下跌，你囤积的钢材也就因此蒙受了损失。

  投机能赚钱是因为它为市场提供了正确的价格信号，缓和了市场价格的波动，是对市场做出了贡献得到的奖励。但如果它为市场提供了错误的价格信号,加剧了市场价格的波动,并因此而使社会资源被浪费,投机者就会遇到亏损,他的亏损就是市场对他的惩罚。

当然,在市场经济实践中,投机和投资往往很难区分,过度的投机往往导致巨大的经济泡沫,而泡沫太大时就会破裂。引人注目的普洱茶价格的暴跌、惊心动魄的荷兰郁金香泡沫破裂、英国著名的南海事件……都是过度投机的必然结果。如何才能把握好这个度,更好地鼓励投资而限制过度投机呢?最好的办法还是应该制定比较科学的市场规则,并让人们很好地遵守这些市场规则;否则,投资的趋利性和市场本身的无序性很可能导致投机泡沫的膨胀。如果国家强制每一个上市公司都将自己的财务数据真实地反映给投资者和中小股东,真正做到禁止内幕交易和其他恶意炒作行为,投资者就会更理性地选择投资方向,而不容易陷入投机的陷阱。

在市场经济条件下,不管做什么事,只要在不损害他人利益的基础上赚了钱,都是对社会的贡献,即使投机也不例外。但投机买卖也必须是公平自由的,不允许有欺诈存在,这和其他买卖应该完全一样。

会省钱就等于赚钱

◆ 假如有两块面包，你会怎么做
◆ 不差钱的"大财神"为什么很小气
◆ 节约是事关兴败的大事
◆ 节约才能成为永久赢家
◆ 节约才能做久、做强

你就是下一个有钱人

假如有两块面包，你会怎么做

1950年，美国哥伦比亚大学商学院入学考试有这么一道题目："假如你有两块面包，你会怎么做？"

本杰明·格雷厄姆教授参加了阅卷，发现答案各种各样。有的学生说："我会留一块作为晚餐。"教授批注道："你很节俭。"有的学生说："我会送一块给乞丐。"教授批注道："你很善良。"有的干脆说："统统吃掉。"教授笑了笑，批道："你真可爱，我的孩子。"

忽然，有一个答案吸引了他，上面写的是：假如我有两块面包，我会用其中一块去换一朵水仙花。

格雷厄姆教授在卷末为他批了几行字："世人都知道面包的好，却不知道一朵水仙花的妙……我可爱的孩子，你小小年纪已经领略到人生的真谛，不为物质所累，堪成大器。"

这名学生就是沃伦·巴菲特，当年他刚刚20岁。

后来，格雷厄姆教授一直对巴菲特非常关注，并将自己的所有知识和诀窍传授给他。1957年，巴菲特筹集了30万美元，进入股市炒股。从此，他的财富就像滚雪球一样越滚越大。到2015年，他的个人资产达到727亿美元，位列全球富豪榜第三位。

2006年6月25日，巴菲特宣布捐出总价达300多亿美元的私人财富，投入慈善事业。这时，人们才发现他的"水仙花"开得如此美丽。

很多人抱怨自己的工资低，不能"五子（票子、房子、车子、妻子、孩子）登科"；即使有些财富也只能算是小资，不是中产阶级；即使到了中产阶级，也不算富人。有这样想法的人放弃了让自己更加成功、富有的机会，没有明白积累财富、获得成功的真正起点是养成厉行节约、储蓄金钱、自我克制的习惯。

"股神"巴菲特坐拥亿万资产，但仍然住在几十年前买的小房子里，亲自去商场购物，并且每次都把商场给的优惠券收好，以便下次购物时使用。

有人问他："你这么有钱，为什么还使用优惠券呢？这样做能节省多少呢？"

巴菲特答道："省下的可不少呢，足足有上亿美元呢！"

"一天省个一两美元，能够省下一亿美元？"虽然巴菲特是"股神"，但那人还是挺怀疑。

巴菲特分析道："虽然每天只省一两美元，从表面上看起来没有多少，但是如果我一直这样坚持，一生中我大约能省下 5 万美元。而由于你不这样做，那么，假如我们其他收入一样多的话，我至少比你多出 5 万美元。更重要的是，我会将这 5 万美元用于投资，购买股票。根据过去几年来我投资股票获得的年平均 18% 的收益率来计算，这些钱每过 4 年就会翻一番，4 年后我就会有 10 万美元，40 年后将达到 5120 万美元，44 年后就超过了 1 亿美元，60 年后就超过了 16 亿美元。如果你每天省下一两美元，到时候你会拥有 16 亿美元，你会怎么做？"

可见，懂得节约的人才能不断积蓄财富，创造财富。致富之道，贵在"勤俭"二字。当用则用，当省则省。否则，纵然有天大的赚钱本领，也不够自己"花"的。

财富和伟业并不天生就属于某一个人。富人之所以富有，并不是他们的运气有多好，而是他们比一般人更加勤俭。不懂得节省小钱的人，大钱也肯定与他无缘。只有拥有节约的好习惯，人生才会变得更加充实和富有。

日本麦当劳汉堡庄的创始人、经营者藤田田，年轻时曾有过一段不凡的经历。

藤田田于 1965 年毕业于日本早稻田大学经济学系，毕业之后在一家大型电器公司打工。1971 年，他看准了美国连锁快餐文化在日本的巨大发展潜力，决意在日本创立麦当劳事业。而要取得麦当劳的特许经营资格，首先需要 75 万美元的特许经营费。当时的藤田田是打工一族，只有 5 万美元的存款,他东挪西借也只借到了4万美元。但是,他并没有心灰意冷。他写好创业计划书后,来到住友银行总裁办公室。

总裁了解了他的情况后问:"你刚毕业不久,怎么来的5万美元的存款?"

"是我毕业后5年按月存款的收获,"藤田田说,"5年来,我坚持每月存下一定数量的工资和奖金,从未间断。即使碰到意外事件需要额外用钱,我也照存不误。我必须这样做,因为在跨出大学门槛的那一天,我就立下宏愿:要以5年为期,存够5万美元,然后自创事业。现在机会来了,我一定要开创自己的事业。"

藤田田讲完后,总裁问明了他存钱的那家银行的地址。送走藤田田后,总裁亲自驱车前往那家银行,了解藤田田存钱的情况。

银行柜台小姐了解了总裁的来意后,说了这样几句话:"哦,是问藤田田先生啊。他可是我接触过的最有毅力、最有礼貌的年轻人。5年来,他准时来我这里存钱,对这么严谨的人我真是佩服得五体投地!"

听完柜台小姐的话后,总裁大为动容,立即打通了藤田田家里的电话,告诉他住友银行可以无条件地支持他创建麦当劳事业。

"合抱之木,生于毫末;九层之台,起于垒土;千里之行,始于足下。"致富其实并不神秘,节约是成"财"之母。因为节约是一种克制、一种坚持、一种信念。节约的人不仅会使用钱,也会挣钱。

巨富约翰·阿斯特在晚年说,如今他赚10万美元并不比以前赚1000美元难。但是,如果没有当初的1000美元,也许他早已饿死在贫民窟里了。

托马斯·利普顿爵士说:"有许多人来向我请教成功的诀窍,我告诉他们,最重要的就是勤俭。成功者大都有储蓄的好习惯。任何好朋友对他的帮助、鼓励,都比不上一个薄薄的小存折。唯有储蓄,才是一个人成功的基础,才具有使人自立的力量。储蓄能够使一个年轻人站稳脚跟,能使他鼓起巨大的勇气、振作全部的精神、拿出全部的力量,来达到成功的目标。"

节约是责任心的体现,节约是对自身欲求有节制的表现,节约还是一种杰出的能力。每一个人都应该在工作和生活中养成这样的品质,从现在起，学会节约，合理用钱。不该花的钱不花，可以少花的钱不要多花。CPI上升这么快，随时有无数种商品在打折，有太多的消费可有可无，为什么不把更多的钱留着用在刀刃上呢？

　　如果你以为富人都是奢华浪费的，那就错了。节俭、开源节流和富人非但不是敌人，反而是很多富人之所以成为富人的好帮手。省钱不等于要像守财奴般虐待自己，但绝不能像暴发户般挥金如土，而应让每一分钱都花得有意义。想要形象良好又少花钱，你可以在换季打折的时候去挑选优质的经典服饰；想不降低生活质量又花费不多，不如多在家吃饭，干净、舒服、环保，还能增进家人感情；如果尚未买房，那么可以控制预算，从购买优质二手房或小户型开始；如果房贷压力较大，那么我建议你暂时租房，因为一旦有了投资机会，像房款这样数目通常不小的钱足以让你不止一次地体验财富增值的快感。除非你确信买房会升值，并且有足够的购买能力；否则，在经济实力不允许的情况下，我不主张硬着头皮买房。如果已经买房，对私家车的需求又不是特别强烈，那么可以考虑推迟购车计划。城市日渐拥堵，养车费用不菲，与其买车折旧，不如将钱留待合适的时候用于投资。

　　如果能将信用卡用好，财富也会来得更快。网上有很多如何成为卡神的贴子，你大可以仔细研究一番，然后申请1~3张信用卡周转使用，务必要巧用信用卡的"免息还款期"。同时，务必要小心信用卡的高额利息，避免欠费或过度透支，更要谨慎提现（尽量不提现），因为这项费用比较昂贵。

　　另外，审慎购买商业保险，避免不必要的额外付出。如果你做了周密的调查和相关投资经验，那么可以考虑办理一个或几个基金定投计划；但如果你只是凭感觉购买和投资，那么最好还是避免进行这方面的投入。买股票也是同样的道理，如果在你一无所知的时候跟风拥上，那么你很难成为幸运的那一个。

 你就是下一个有钱人

不差钱的"大财神"为什么很小气

很多人觉得：穷人才需要节省呢，有钱人不必在乎那么点钱。如果这么想，你就错了。有很多富翁在平日里是非常节俭的，甚至趋于抠门。

做企业需要先投入资金、技术，需要人力资本的付出，而且市场环境变幻莫测、经营道路充满艰险，需要付出很多的艰辛，承担很多的风险。

人们常说："世界上大多数的钱在美国人的口袋里，而美国人的钱大多在美国犹太人的口袋里。"但是，在19世纪末20世纪初，犹太人刚踏上北美大陆时，大多数人穷困潦倒，一贫如洗。当时，去美国的移民平均每人身上只有15美元，而犹太人身上则平均只有10美元。犹太人想要在这片土地上活下去，唯一的办法是用5美元办执照，1美元买篮子，剩下4美元办货，成为流动的街头小商小贩，靠贩卖来发家致富。但是，经过几代人的努力之后，他们的形象大变。在美国的犹太人，已经获得了更高的收入和生活水准。赫赫有名的犹太人大家族，如戈德曼、雷曼、洛布和库恩等家族，都是从做小商小贩开始的。

创业者在创业过程中吃过很多苦、受过很多累、经过很多难、遇过很多险，他们的成功是一步一个脚印地创造出来的，他们的财富是一分钱一分钱地挣出来的。他们都具有强烈的成本意识，他们深知一分一毫来之不易，都自觉不自觉地追求节约，并身体力行地影响着他们的追随者以及企业的员工。这是他们在商业世界中取得成功的关键。

看看那些创业成功者，如比尔·盖茨、李嘉诚、王永庆、曾宪梓、牛根生、刘永好等，关于他们"吝啬"的小故事一直在流传。

世界首富比尔·盖茨富可敌国，但是盖茨夫妇生活却很俭朴。前国家主席胡锦涛曾在2006年4月18日抵达美国华盛顿州西雅图市，对美国进行为期4天的国事访问。首场晚宴做东的主人是大名鼎鼎的比尔·盖茨。晚餐仅三道菜：前菜，烟熏珍珠鸡沙拉；主菜，华盛顿州产黄洋葱配制的

牛排或阿拉斯加大比目鱼配大虾（任选其一）；甜品，牛油杏仁大蛋糕。

有一次，比尔·盖茨和一位朋友开车去希尔顿饭店。饭店前停了很多车，普通车位很紧张，不过旁边的贵宾车位空着不少，朋友建议把车停在贵宾车位。但盖茨认为太贵，即便在朋友坚持付费的情况下，盖茨最终还是找了个普通车位。

被称为"塑胶大王"的王永庆是中国台湾的巨富之一，曾名列美国《福布斯》杂志华人亿万富翁榜首位、世界富豪排行榜第11位。我国台湾居民喝咖啡时喜欢加入奶精球。每次喝咖啡时，王永庆总要用小勺舀一些咖啡将装奶精球的容器洗一洗，再倒回咖啡杯中，一点都不浪费。

王永庆被称为中国台湾的"经营之神"。在降低成本方面，他不遗余力。1981年，台塑以3500万美元从日本购买了两艘化学船，自运原料。在此之前，台塑一直租船从美国和加拿大运原料。如果以5年时间来计算，租船的费用高达1.2亿美元，而用自己的船只仅需要6500万美元，从中可以节省5500万美元。台塑把节省下来的运费用在降低产品价格上，从而使顾客能买到更具性价比的台塑产品。

有一次，金利来集团董事局主席曾宪梓与应邀赴港的内地贫困大学生做交流。交流活动结束后，曾宪梓与贫困大学生共进午餐。饭后，他亲手将桌上没吃完的点心收集打包，此举令在场学子感到深深震撼。

蒙牛集团原董事长牛根生对自己很抠，下属坐沃尔沃、宝马，他自己只坐一辆排量不太大的奥迪。蒙牛的高层管理团队，人人住的房子都比老牛的大。在公共场合，牛根生总是系着一条很便宜的领带，上面有绿色的草原、蒙古包、奶牛以及蒙牛的LOGO。更让人难以置信的是，牛根生每次到北京出差，只住蒙牛公司驻北京办事处。

刘永好曾在福布斯全球富豪排行榜中名列中国内地首富，但是他说自己不太关心富豪身价和排位。实际上，他用的、吃的、穿的都很简单。刘永好自曝，他在16岁时最想吃的是红薯白米饭，后来当老师最想吃的是回锅肉，这个习惯到现在都没改变。

在2000年悉尼奥运会期间，举行了一个由世界各地传媒大亨参加的新闻发布会。会议期间,坐在第一排的美国传媒巨头、NBC公司副总裁麦卡锡先生突然钻到桌子底下去了。在大家满脸疑惑时,麦卡锡从桌子底下钻了出来,对众人扬了扬手中的雪茄说:"对不起,我的雪茄掉了。我的母亲曾告诉我,要珍惜自己的每一分钱。"

这些富可敌国的大富翁一点也不缺钱,可他们的节俭让我们难以置信。事实上,他们的"小气""吝啬"或节俭,体现的是他们对于财富的态度以及节约的美德。他们在创业的过程中形成了这样的作风与精神,而在成为富翁后,他们仍然严格要求自己与员工。正是这种"吝啬",成就了他们的企业和他们自身。

他们的勤俭——更准确地说——他们靓丽光彩背后所蕴含的素质、涵养和传统,正是他们成功、富有的基因。他们节约的不仅仅是钱,积累的不仅仅是财富。他们自律慎行,追求真和美,是在超越自己、创造未来。

《墨子·辞过》中说:"俭节则昌,淫佚则亡。"汉代贾谊在《论积贮疏》中有言:"生之有时,而用之亡度,则物力必屈。"《管子·形势解》中有言:"人惰而侈则贫,力而俭则富。"

节约是一种传统美德,也是一种创造财富的手段;节约是财富的基石,也是许多优秀品质的根本。节约是一种智慧,一种忧患意识,一种可持续发展的深谋远虑。贫穷时要勤俭节约,富有时更要勤俭节约。只有这样,才能守住富有,才能越来越富有。

节约是事关兴败的大事

节约不仅仅是省钱，而是一种美德和品格，更是一种能力，体现了一种自我约束和自我克制的能力。不仅如此，节约对于提升人的品行和其他能力的培养也大有裨益。崇尚节约、爱惜钱财正是很多富人成功的诀窍。他们因为节约而成功，因为节约而富有。

懂得节约的人，有追求、有目标、有远见，他们把钱用于创立更有益、更宏伟的事业。

闻名全球的大发明家本杰明·富兰克林就是一个节约的榜样。他很富有，但他很勤俭。他凭着勤俭的习惯、睿智的大脑和独特的人格魅力，为费城创建了第一家医院以及后来发展为宾夕法尼亚大学的费城学院，创建了美国第一家公共图书馆，最先组织了消防厅，并远赴法国筹措到了美国打赢独立战争的资金……他的力量和卓越的基础在于他很早就懂得了勤俭。

当然，成功、富有不为名人所垄断，节约也不是名人所独有。节约才能成功，只要你做到了节约，你就能成功。

曾有一个生意人白手起家，家产千万。他有一子，儿子开始求学后，有点恃富而骄。这位父亲怕孩子不好好学习反受富贵所害，就与妻子商量，为了儿子的前途，毅然决定结束在大城市里红火的生意，且变卖一切家私，告诉儿子破产了，要回到老家去生活。于是，夫妻俩在十多年里守着几百万家财而过着贫穷的日子。儿子倒也争气，没有让这对夫妻失望，考上了清华大学。这对夫妻艰苦十多年，换来了儿子的勤奋好学。

这个"富二代"是幸运的。他的父亲白手起家，深谙节约对于成功的意义，靠节约助他成才。

因为天道酬勤，天佑奋进，节约才能成功，而衰败大多是因为太过奢侈。

节约还能够磨炼人的意志，培养人克服困难的能力。

多年前，有一位来自贫困山区的女学生，背着简单的行囊来到大学校园，办完一系列报到手续后，身上只剩下50元钱。于是，她买了一些方便面。随即，她找到相关银行，询问了贷款事宜，又找到学校勤工助学部门，找了一份食堂清洁的工作，这样同时也解决了每天的午饭。

她将自己的生活安排得井井有条，在校园中常能见到她面带笑容、匆匆而行的身影。一年后，她不仅基本为自己解决了学费问题，还获得了奖学金，寄给了在异地读书的妹妹……

也有这么一个女士，她结婚后和丈夫过着优哉游哉的生活。有一天，她带着丈夫回娘家去。因为过了几年舒适的生活，她很看不惯母亲使用便宜的牙膏、很旧的毛巾，对母亲简朴的生活处处看不顺眼、很不习惯。

一次，单位进行福利分房，要求每户先交11万元。她作难了，自己顶多能拿出3万元，那短缺的8万元怎么办。她平时吃穿用度都要好的，哪有积蓄？她开始着急了，跟老公商量对策，但说着说着就吵起来了。正好她母亲当时在她家小住，第二天一早，她母亲就赶着回家去了。晚上，她母亲又回来了，拿出一个大大的信封，示意她打开。她打开一看，里面装着8万元，正好补足她现在的短缺。母亲说，那是她平日里节约下来的。她这下明白母亲为什么平时生活那么简朴了，眼泪一下子流了下来。

钱到用时方恨少。早知现在，何必当初？一个不能控制自己、穷奢极欲的人会成功吗？会富有吗？一个仅能谋生却花钱草率的人会有大发展吗？老板不会重用这样的员工，人们不会与这样的人合作，银行也不会贷款给这样的人。

培根曾说："如果一个人在自己的收入范围内可以过得很好，那么他的开支就不应该超过收入的一半，剩下的应该存起来。"

节约不是小事，而是事关兴败的大事。俗话说得好：历览前贤国与家，成由勤俭败由奢。

节约才能成为永久赢家

奢侈浪费、挥霍无度往往导致衰败。曾经有位作家这样说过:"一根火柴棒价值不到一毛钱,而一栋房子价值数百万元。但是,一根火柴棒却可以摧毁一栋房子。"浪费一点点也许看起来不起眼,但它的破坏力却不可小视。

拳王泰森从20岁开始打拳,到40岁时挣了将近4亿美元。但是,他花钱无度,他的别墅有100多个房间,拥有几十辆跑车,还养老虎当宠物。结果,到了2004年年底,他破产了,而且居然还欠了税务部门1000万美元。

如果你不是"含着金钥匙"出生,那么享受就应该是40岁以后的事。年轻时必须付出、拼搏,"老来穷"才是最苦的事情。

古谚语说:"节约好比燕衔泥,浪费好比河决堤。"节约是一点点积累的,而一旦浪费起来却很容易。勤俭是通向成功、富有的阶梯和方法,奢侈往往同沦落、衰败结伴而行。丢弃了勤俭、节约,也就丢弃了成功、富有。

小王刚从学校毕业,就找到了一份月薪5000元的工作。但几年下来,他非但没有存下一分钱,还欠下了外债。原来小王穿衣打扮、吃喝住行都很阔绰,买东西非名牌不买,动辄就买皮尔·卡丹、鳄鱼和苹果产品。他经常与同事和朋友聚会吃饭,而且总是抢着买单。只要有同事和朋友在旁边,他总是打车回家。小王还租了一套一室一厅的房子,光租金每月就2800元。

由于开支过大,小王成了名副其实的"月光族",不仅每月的工资花得精光,而且总是入不敷出,不得不寅吃卯粮、四处借钱。没有多久,他就债台高筑。

最近,由于效益不好,他所在的公司不得不大批裁员,小王很快就被公司辞退了。这些年,他既没有学到过硬的技术,也没存下一笔救急的钱,只好回老家去了。

你就是下一个有钱人

像小王这样的年轻人，寅吃卯粮，借钱提前消费和高消费，是没有远见的，更是对自己人生的不负责任。

浪费反映了一个人人生观和价值观的偏颇和瑕疵，还会消磨人的进取精神，使一个人膨胀的物欲和有限的现实条件之间的矛盾不断尖锐，最终使人因欲望不能得到满足而灰心丧气、意志消沉、终不得志。

在竞争日益激烈的今天，节约已经不仅仅是一种传统的美德，更是一种高尚的职业素养。它可以增强竞争力，从而成为一种成功的资本。对个人如此，对企业也一样。

沃尔玛以"天天平价"闻名全世界，这也是沃尔玛的核心竞争力。"帮助顾客省钱，让他们生活得更美好"是沃尔玛的核心使命。相对而言，沃尔玛超市商品的价格肯定是很便宜的。沃尔玛之所以能做到平价，其中一个重要原因就是拼命地降低自己的成本，减少一切不必要的开支和浪费。

沃尔玛对成本费用的节约理念贯彻得非常到位。在沃尔玛，公司规定所有复印纸都必须双面使用（重要文件除外），违者将会受到处罚。就连沃尔玛的工作记录本，都是用废纸裁成的。

沃尔玛（Wal-Mart）的命名也同样体现了公司创始人山姆·沃尔顿（Sam Walton）先生的节约作风。通常而言，美国人大都习惯用创业者的姓氏来为公司命名。因此，Wal-Mart 本应叫 Walton-Mart，但沃尔顿在为公司起名字的时候，把制作霓虹灯、广告牌和电气照明的成本全都考虑了一遍，他认为省掉"ton"这3个字母能节约不少钱，于是沃尔玛的英文名字就成了"Wal-Mart"7个字母了。

在行政费用的控制方面，沃尔玛几乎做到了极致。在行业平均水平为5%的情况下，整个沃尔玛的管理费用仅占公司销售额的2%。换言之，沃尔玛一直用2%的销售额来支付公司所有的采购费用、一般管理成本及员工工资。

在沃尔玛，节约精神已经上行下效，蔚然成风。有人曾问沃尔顿为什么能成为最富有的人，以及该如何经营企业。沃尔顿说道："答案非常简单，因为我们珍视每一美元的价值。我们的存在是为顾客提供价值，这意味着除了提供优质服务之外，我们还必须为他们省钱。我们不能愚蠢地浪费掉任何一美元，因为那都出自我们顾客的钱包。每当我们为顾客节约了一美元时，那就使我们自己在竞争中领先了一步。这就是我们永远要做的。"

节约精神使得沃尔玛在创造财富的同时，也在不断地积累财富；在不断降低成本的同时，又能够更多地向顾客让利，做到天天平价，从而为企业赢得了竞争优势，并领先于同行，成了永久赢家。

中国台湾的"经营之神"王永庆曾说："最有效的摒除惰性的方法就是保持节约。节约可以使企业领导者和员工冷静、理智、勤劳，从而使企业获得成功。"因此，所有的企业和员工都必须重视节约精神的重要作用，并付诸行动和努力去做，才有可能成为永久赢家。

节约才能做久、做强

有一家广东企业准备与同行业的美国某公司洽谈商务合作事宜。在完成了大量的前期准备工作后,这家企业把美国公司的代表请到了工厂,让对方考察。

前来考察的负责人参观了这家企业的生产车间、技术中心等,对这里的设备、技术水平以及工人操作水平等都很满意。这家企业的负责人非常高兴,于是安排豪华宴席,款待美方代表。

结果,事情出现了戏剧性的变化。美方代表看到未来的合作伙伴奢侈浪费,极为震惊。他很难想象,这样不懂节约的企业如何能做好降低成本工作,如何提高经济效益。回到美国后,这位负责人发来一份传真,表明了拒绝与这家企业合作的意向。

一个挥霍、浪费成风的企业,不但难以提高利润率,获得竞争优势,也难以获得合作伙伴、赢得合作机会,到头来还可能断了自己的生路。而厉行节约则可以降低成本、节省开支、避免风险、获得利润、赢得市场。

如果企业想把成本中的不合理部分转嫁到消费者身上,那么,在成熟的市场经济当中,特别是在激烈竞争的市场环境下,这种观点和做法显然与市场经济规律和消费者的利益是格格不入的,因为这不利于企业降低产品成本,所以企业最终摆脱不了被市场淘汰的结局。

众所周知,微软公司的创始人比尔·盖茨是世界富豪榜上的常客,他的个人净资产已经超过美国40%最穷人口的所有房产、退休金及投资的财富总值。有人曾算过账:有一段时间,比尔·盖茨的资产增加速度相当于每秒有2500美元进账。然而,比尔·盖茨的节约意识和节约精神比他的财富更令人惊诧。

有一次,比尔·盖茨到我国台湾演讲,他一下飞机就让自己唯一的随行人员去一家快捷酒店订了一个标准间。在很多人看来,像比尔·盖茨这样的大富翁，他们的钱多得一辈子都花不完，理应过得十分奢侈。因此，很多人得知此事后，大惑不解。在比尔·盖茨的演讲会上，有人当面向他提出了这个问题："您已是世界上最有钱的人了，为什么只住快捷酒店的标准间呢？我认为远东国际大饭店的总统套房才符合您的身份。"

比尔·盖茨回答说："虽然我明天才离开这里，今天还要在宾馆里过夜，但我的约会已经排满了，真正能在房间里所待的时间可能只有两个小时，我又何必浪费钱去订总统套房呢？"

比尔·盖茨一年四季都很忙，有时一个星期要到好几个不同的国家开十几次大大小小的会议。坐飞机时，他通常都选择经济舱。没有特殊情况，他是绝不会坐头等舱的。

比尔·盖茨在生活中始终遵循他的那句名言："花钱就像炒菜放盐一样，要恰到好处。盐少了，菜就会淡而无味；盐多了，则苦咸难咽。"

比尔·盖茨如此节约，但是他给员工的待遇却相当优厚。微软员工的收入在同行业中几乎是最高的。而且，他为公益和慈善事业一次次捐出大笔善款，还把自己死后的遗产彻底捐了出去……

如果比尔·盖茨对待员工像葛朗台那么吝啬，自己又一掷万金，过着奢侈腐化的生活，他是绝不可能成就现在这番事业的。在很大程度上，也正是因为这种节约的精神，微软公司才在激烈的市场竞争中游刃有余，脱颖而出。

人一旦节约了，原来可能浪费的就省下来了。长期积累，自然就能省出相当一部分的资源、利润。这实际上也就是在创造价值、创造财富。节约可以积累更多的利润，节约才能让你成为永久的赢家。

"不积跬步，无以至千里。不积小流，无以成江海。"秦朝丞相李斯曾言："泰山不拒细壤，故能成其高；江海不择细流，故能就其深。"意思是说，高山、大海之所以高、深，是一点点土、一滴滴水积累起来的。

古语有云："君子以俭德辟难，不可荣以禄。"企业要生存、做久、做强，就必须厉行节约。

越快乐越容易赚钱

- ◆ 财富不在于你能赚多少钱，而在于你赚的钱能够让你过得多好
- ◆ 别为赚钱而工作，要为快乐而工作
- ◆ 为什么越快乐越容易赚钱
- ◆ 为什么金钱的增加与快乐不同步
- ◆ 金钱只是工作的一部分
- ◆ 能力比金钱更重要

你就是下一个有钱人

财富不在于你能赚多少钱，而在于你赚的钱能够让你过得多好

我跟我的老师茅于轼教授一样，主张"人生的意义是享受人生，并帮助别人享受人生"。所以，人生不是钱越多越好，也不是官越大越好，而是越健康、越快乐越好。所以，我主张快乐赚钱，也就是说赚钱一定要服从于快乐的标准，不带来快乐的钱是可以不要的。很多人贪得无厌，对金钱的欲望没有止境，或者为了赚钱而不顾健康，就是不可取的。

从前，有一个农家小伙子，他每天的愿望就是从鹅笼里拣一个鹅蛋当早饭。有一天，他竟然在鹅笼里发现了一个金蛋。一开始他当然不信！他想，也许有人在捉弄他。为了谨慎起见，他把金蛋拿去鉴别，结果证实这个蛋是纯金的。于是，这个农家小伙子就卖了这个金蛋，并举行了一个盛大的庆祝会。

第二天清晨，他起了个大早，发现笼子里又有一个金蛋。这样的情况连续出现了好几天。但是，这个农家小伙子却开始抱怨自己的鹅，因为他认为鹅每天至少应该下两个金蛋！最后，他气恼地把鹅揪出笼子并把它劈成了两半。从此以后，他再也得不到金蛋了。

听过这个故事以后，我们都会嘲笑那个农家小伙子的愚蠢。他因为太贪心而失去了给自己创造财富的源泉。

可在现实中，我们却常常不自觉地被自己的欲望征服，盲目地追求利润，自堵财路。

在赌场上，有的人为了不劳而获，结果衣衫不剩，甚至负债累累；在工作上，有的人为了追求效率而盲目冒进，结果事与愿违，甚至伤害身体；在生意场上，有的人为了追求利润而铤而走险，结果一败涂地。这样的人比比皆是，不都是那个农家小伙子的写照吗？

财富与金钱是永远无穷尽的，而人追求财富的欲望也是永远不会满足的。只有能够控制欲望的人才能理性地对待财富与金钱。

国外流行这样一句话：少赚一点，少花一点，少病一点。

大多数人喜欢在收入增加时买些奢侈品。而普通人和富人在这点上的区别在于：富人是在最后才买奢侈品，而普通人会先买奢侈品，因为他们可能厌烦了一成不变的生活，期待有点新玩意，或者想看上去富有。他们看上去的确富有，但同时也陷入了贷款和收入拮据的陷阱中。那些长期富有的人是先建立他们的资产，然后才用资产所产生的收入购买奢侈品，而普通人则是用他们的血汗钱购买奢侈品。

多数人最容易犯的错误是在扣除所得税之前的工资总额上打主意，实则不然。首先，要将扣税前的工资全部忘掉，而将意识集中于扣税后的净收入。将按月开支的必要经费写下来，再从所剩的月收入中减除，剩下的部分才可视为可以自由使用的收入。然后，对于这一剩余部分，处理方法有两种：可以花掉全额，也可储存一部分。一般来说，每月必须有的花销，如房租（或房贷）、水电费、伙食费等，其支出款项必须予以保证，剩下的才是真正可以支配的收入。

另外，如果你发现自己越来越偏好某些"欲望"，就该立即断绝相关刺激的来源。最好的办法是把围绕在物欲方面的消费转向能够带来收入的创意和新的想法。

仅带着一周内要用的现金上街不失为一种预防过度消费的便捷方法。尝试一下：在一个月内将所有的信用卡收起来，仅用现金支付。你会发现：拿着现金去消费，有必要时才去购物，其实并没有什么不妥。

尽量避免为打发时间而到百货公司或购物中心闲逛，并且还要少看广告，减少不必要的购买欲望。如此一来，你会很惊讶地发觉自己的心思已不在物质上打转，而专注于美好、持久的事物上，对人、理想与工作会更加投入。

如果涉及真正的大支出，则必须作为大问题加以重视。不能冲动消费，更不能冲动投资。

当然，我们对金钱、财物和成功三者的关系，必须持有一个均衡的看法。大部分的成就非凡之士都认为，金钱并非是判定他们成功水准的唯一标准，高收入及荣华富贵反而被他们视为成功的副产品，而并非其获得成功的原因。

有一点年轻人必须明白，财富不在于你能赚多少钱，而在于你赚的钱能够让你过得多好。有的人恐怕要问："这有什么差别呢？我赚的钱越多，就能够负担越多的东西，我的生活当然也就越好了。"但其实并不然。通常你会发现，赚得越多，花得就越多，所付出的牺牲也越多。对于这一点，很多富人都深有体会。

如果你要拥有财富，第一件事就是学会依照自己的理性去生活，也就是要懂得控制你的开销。赚5000元，花4000元，会带给你满足；如果赚5000元，却花了6000元，长此以往，生活就悲惨了。当你的开销大于收入的时候，就表示你将有麻烦了。

别为赚钱而工作，要为快乐而工作

有家媒体做过一个主题为"工作中你还快乐吗？"的网上调查。据调查结果显示，大部分受访者都表示，在节奏日益紧张的都市生活中，工作很枯燥，感觉不到工作的意义和价值，茫然地上班、下班。

久而久之，所有的激情、热情都被岁月消磨殆尽，对工作的普遍感受只剩下累、烦以及枯燥、烦琐。而且，很多年轻人都感到压力很大，看不到未来，迷失了自我，几乎感受不到工作的乐趣，更不要提什么幸福感和成就感。

哈佛大学曾做过一个有趣的心理调查。调查人员给被调查的对象打了个电话，问道："你现在在干什么？""上班。""上班感觉怎样？""没劲极了，枯燥乏味。""那你希望干点什么？""等2个小时下班就好了，我可以和同事一起去酒吧。"

2个小时后，调查人员又打了他的电话。"你现在在干什么？""和同事在酒吧。""感觉好些了吧？""还是没劲，都是些无聊的话题，我正打算去找女朋友。"

过了1小时，调查人员再次拨通了他的电话。"和女朋友在一起快乐吗？""别说了，烦死了。说话时，有个女同事打来电话，询问工作上的事情。可女朋友硬是要我交代是不是有外遇了。你说我怎么能不烦？我还是回家休息吧！"

到了晚上，调查人员的电话刚拨通，这个被调查者就先开口了："别问了，很没劲。杂志翻完了，光盘看完了，感觉有点寂寞。""那你想怎样？""还是上班好，明天工作努力点，好让薪水多增加点。"

有时候，有工作可做也是一种幸福，每一份工作其实都有它的乐趣。我们要找到工作的乐趣，珍惜自己的工作。

工作不仅包括责任和规范等理性的内涵，还包括热情、智慧、创造力和成就感，这些都是快乐的源泉。只谈敬业，有愚弄你成为公司赚钱工具的嫌疑；只谈工作，会使你沦为生活的囚徒；只有将快乐和工作结合起来，树立积极的工作心态，寻找到快乐的理由，发现工作的乐趣，增强内心深处的动力，才能真正"工作并快乐着"。

阿里巴巴集团董事局主席马云曾经对媒体说过，员工工作的目的不仅包括一份满意的薪水和一个好的工作环境，也包括在企业中能快乐地工作。他说："有一样东西是人人平等的，就是一天都有24小时。不快乐地工作就是对自己的不负责任。只有快乐地工作，才能享受到工作的快乐。"

如果我们对于工作产生了情感距离，从而不能全心投入，最后就可能导致公司缺乏急需的创造力、适应力和冲劲，最后变得岌岌可危。只有当我们深刻感受到自己很在乎所做的工作，感受到我们正在做的工作有价值时，才代表我们已经全身心投入了。

有一位朋友的故事很有借鉴意义。孙先生一毕业就很幸运地进了机关，得到了一份人人羡慕的工作。但是，他并不快乐。机关里盘根错节的人际关系常常让初涉人世的他手足无措。在单位，孙先生的工作就是帮领导整理材料和起草文件。可是，每当看到那些机关公文，他就头昏脑胀。并不是孙先生能力差，只是让他每天看领导的脸色行事，写那些枯燥乏味的机关公文，他感到一点儿进步都没有，这让他很郁闷，令他感到窒息。后来，他不顾家人的反对，下定决心辞职。他辞职后，别人都为他感到惋惜，而他却有一种解脱的感觉。

在家悠闲了一段时间后，他做起了自由撰稿人，开始写些鲜活、有灵性的文字。一年后，他竟然写出了名堂，约稿的邮件、电话络绎不绝。现在，他每天都在写着自己喜欢的文字，表达自己真正的想法。写东西虽然是他用来谋生的一种手段，但是在这个过程中，他享受到了别人体会不到的快乐。他说，他现在一个月赚的稿费已经是在机关工作时工资的好几倍了，现在的他不仅赚到了钱，更获得了快乐。

孙先生在3年的机关生涯中饱尝工作的痛苦，最后终于摆脱了让他痛苦的工作，选择了自己喜欢的工作，而且小有成就。他的真实经历说明了一个道理：我们不能为工作而工作，不能为了工作而牺牲快乐，而要为快乐而工作，快乐的心情远比高额的薪水和安逸的生活更能让你感受到工作的价值。

一个人只有在工作中投入自己全部的热情、智慧和创造力，工作中快乐的源头才不至于枯竭。而消极的人则会一味地指责和抱怨。被动工作，得过且过，敷衍了事，就只能把工作当成按部就班的事情，在低效率的重复中消耗时间，也消耗自己，很难感受到工作的快乐。

IBM创始人托马斯·约翰·沃森说："如果你工作表现不佳，自然就会觉得工作乏味、无趣。每当此时，我就会告诫自己要像小时候玩游戏一样带着轻松、愉悦而又专注的心态来积极地投入工作。"

在现实生活中，选择什么样的工作有时候也许身不由己，但是我们却可以通过改变心态来面对挑战。

世界上没有不好的工作，让我们对工作产生不满的是不平衡的心态。因此，快乐工作的关键取决于心态。用乐观的心态去面对当前的工作，那么，我们就会从这种积极转变中找到快乐。在快乐的情绪中工作，就能维持热情、专注，而创意也会比较丰富。另外，还能让自己解决问题的能力大增，面对挫折时也更有弹性及适应力。

整体而言，快乐、积极的心态能给我们提供绵绵不绝的动力，从而大大激发工作潜力，让工作效率大增。

你就是下一个有钱人

为什么越快乐越容易赚钱

人们常说:"吃尽苦中苦,方为人上人""不经一番寒彻骨,哪得梅花扑鼻香""失败是成功之母"……似乎快乐是必须在忍受很多的痛苦之后才能得到的,成功是必须经历失败后才能收获的。

事实上,快乐在很多方面是成功的动力,快乐是成功的源泉,而非成功的"附属品"。

快乐与天赋、勤奋和忠诚一样,可以帮助人达到成功的巅峰,而快乐的人在生活中比不快乐的人更容易成功。在日常生活和工作中,快乐的应聘者更容易面试成功;快乐的推销员更容易让顾客满意;快乐的员工在工作中通常有更好的工作表现;快乐的人会交到更多的朋友,还能拥有更美满的婚姻、更健康的身体甚至更长的寿命。

美国心理协会发表过一份关于"快乐"的研究报告,向"成功让人快乐,而非快乐让人成功"这一学术上的正统说法发起了挑战。这份报告的撰写者分别是美国加州大学的索尼亚·鲁博米尔斯基博士和密苏里州哥伦比亚大学的劳拉·金格以及伊利诺斯大学的埃德·迪埃勒。

他们通过盖洛普民意测验研究了 225 份关于"快乐"的分析报告,涉及 293 个样本和 27.5 万人,由计算机分析得出了 313 项重大发现,揭示出人类的性格、成功与快乐之间的关系。

他们研究发现,快乐的人能更加积极、努力地实现迈向成功的新目标,而成功又会增强他们原有的快乐情绪。"导致这种现象的原因很可能是快乐的人经常会有积极的情绪,这种情绪能够激励他们更主动地工作,接受新的信息和知识。当他们觉得快乐的时候,会觉得很自信、乐观、精力充沛,这样会使他们更有亲和力。"

研究报告的主要作者鲁博米尔斯基博士说,总体而言,快乐的人显然在人生的很多方面比不快乐的人更成功。她说:"快乐的人更容易获取有利的生活环境，这或许是因为快乐的人频繁体验积极向上的情绪，而这些情绪促使他们朝着新目标更加努力地工作，并建立起新的资源。当人们感到高兴时，他们往往会更加自信、乐观和精力充沛，能够更主动地工作，更快地接受新的信息和知识。快乐的人容易与社会融合，获得的机会也比较多，容易让别人接受，进而成为工作伙伴或朋友；快乐的人能更大地释放自己的潜能，提高工作效率。而那些不快乐的人，其消极、悲观的情绪会降低工作效率，消极、悲观情绪背后的心理冲突常常会大量消耗有限的心理资源。"

"因为如果内耗大了，用于从事建设性工作的精力自然就会减少，如同电脑被病毒感染以后，CPU 的系统资源大量被占用，正常的程序自然就会运行缓慢，容易死机。"

他们的研究还证实，快乐可以带来成功。快乐的生活态度本身就可以产生许多积极的结果。成功可以给人带来快乐的感受；同样，快乐的生活态度也可以造就成功。这种关系是双向的，并会越来越牢固。

研究人员表示，持快乐人生态度的人比较自信、乐观，且精力也比较充沛。而这些特点正是十分吸引人的品质，也是做成一件事情所必备的素质。许多研究结果都表明，当人情绪高昂时，连陌生人都会觉得他们很吸引人。

研究人员还指出，他们所说的持快乐人生态度的人并非那些头脑幼稚、喜欢"傻乐"的人，也不是从来不发脾气的"和事佬"。快乐的人生态度是人们在日常生活中所体现出来的健康的、比较稳定的情绪。

这个研究结果意味着我们不能为了成功而牺牲快乐。事实上，我们越快乐，将来的成功机会就会越多。

72岁卖菜大爷年赚20多万元的四大绝招

72岁的王大爷是湖南株洲的农民。2013年年底,他在儿子居住的深圳某小区的菜市场盘下了一个摊位卖菜,一年赚了20多万元。王大爷到底有啥赚钱绝招呢?

绝招一:细分买菜人的需求,针对性地进行初加工

王大爷发现,深圳的买菜人可以分为两类:一类喜欢新鲜的好菜;一类是图省事的,对难处理的菜一般不买。于是,王大爷准备了两种类型的菜,分别满足上面两类人的需求。

第一类菜:卖相很好的菜。每天,菜贩子把菜送到他的摊位时,王大爷就和保姆一起择菜,把菜搞得漂漂亮亮,然后用保鲜膜包装好,这样的菜很受白领顾客的喜爱。

第二类菜:方便烹饪的菜。王大爷和保姆把土豆削皮,把豇豆折成一段一段,把南瓜切成一小块一小块,等于卖半成品菜。这种菜的价格比一般的菜贵30%左右,却深受时间紧的上班族和手脚不灵便的老人喜爱。

绝招二:给小区附近的小餐馆送半成品菜

王大爷的半成品菜深受顾客欢迎,也引起了小区附近很多小餐馆老板的兴趣。因为买这样的菜虽然价格要贵一点,却可以省下一个小工的开支。后来由于需求量太大,王大爷择不过来那么多菜,就招募了小区里的一群闲散人员来帮忙,充分利用了这些碎片化的人力资源,同时保证了菜品的数量和质量。

绝招三:给顾客做美食顾问

王大爷曾做过单位食堂的大厨,他充分发挥烹饪特长,给顾客当美食顾问(比如素菜如何与荤菜搭配等)。王大爷还跑到这个小区旁的彩印店,把每一种蔬菜的烹饪技巧制作成小卡片,提供给有兴趣和有需求的顾客。

绝招四:搞"回头有奖"

王大爷请人刻了一枚大印章,印在为顾客提供的符合国家级标准的食

品袋上。顾客下次再来买菜，凭这个袋子可以享受5%的优惠。除了这个，在顾客买菜时，王大爷总会给他们送几根葱苗、蒜秧。

王大爷在深圳菜市场运用这些绝招使生意非常火爆，而且效益很稳定。

曾经有人问王大爷："您都这么大年纪了，为什么还出来赚钱？家里也不缺您赚的这些钱呀！再说，您在深圳人生地不熟，不怕出什么岔子吗？"王大爷回答："我辛苦了一辈子，总也闲不住。我出来并不是为了赚多少钱，而是因为我觉得这样能让我感觉自己还有用，否则我会感觉老了就不中用了，就会不快乐。既能赚钱，又能快乐，何乐而不为呢？再说了，我做这件事不光让自己得到了快乐，我的全家人、保姆还有跟我一起干的人也获得了快乐，并赚到了钱。这难道不是一件很好的事吗？"

俗话说：行行出状元。这位大爷就是个很好的榜样。在现在这个社会里，没有什么是不可能的。只要保持一个健康、积极、乐观的心态，做力所能及的事情并有所成就，当然会感到很快乐。同时，这种快乐也可以让你赚到更多的钱。

 你就是下一个有钱人

为什么金钱的增加与快乐不同步

有钱就会快乐吗？多赚钱就能获得更多的快乐吗？

就这个问题，英国华威大学经济系的研究人员做了一项长达10年的研究。他们从20世纪90年代起，研究了9000个英国家庭，发现金钱的确可以令人快乐。

比如，中了彩票或刚继承了家族遗产的人，除了会自我感觉更加快乐之外，经评估后亦发现其心理压力可得以减轻。以一个四级的快乐分级指数来衡量，平均每25万英镑就可以将一个人的快乐提升一级。所以，一个极不快乐的人，要得到约100万英镑，才可以和最快乐的人一样快乐。

金钱的增加会改善人的物质生活，能满足人们的消费需求，能给人生创造有利条件。据说，80%的人生目标都可以通过金钱得以实现。所以，金钱的增加会令人更加快乐。

但是，金钱不能直接买来快乐，也从不会把快乐维持到永远。实际上，金钱与快乐之间的相关度是比较低的。一些受调查者说，富有给他们带来的快乐只占其幸福感的10%。

著名经济学家理查德·莱亚德在一篇题为《将幸福快乐作为国家目标》的文章中写道："我们所了解的第一件事情是，在过去的50年里，尽管生活水平大大提高，但平均快乐程度一点都没有增加，较富的社会并不会比较穷的社会更快乐。当然，在同一社会里，富人的平均快乐程度要高于普通人，但这是因为人们喜欢和别人比较。而事实上，这方面的两个极端是可以相互抵消的，不会影响到整体社会的快乐水平。"

在物质极度匮乏的情况下，金钱肯定万分重要。这时候，生活需要金钱，金钱和幸福有密切的相关性。但是，在生活有了基本保障之后，即使再增加许多收入，也只能增加些微的幸福感，甚至完全没有影响。因为，金钱一旦增多了，人们对幸福的追求就脱离了金钱增加的轨道，而快乐增

长到一定程度就与金钱的增长不同步了,其幸福感甚至可能随着金钱的增长而越来越低。

一部分外国心理学家的研究还发现:在影响幸福的各种因素中,金钱只起到1/5的作用;在构成美好生活的成分中,它所起的作用则是1/6。

物质和财富的增加并不和快乐指数成正比。现代人的生活确实是富裕了,但由于人们过分追逐财富,并为财富所累,反而感到不快乐。

宜家是世界上最大的家具销售公司之一。2004年,宜家丹麦公司做了一件让人意想不到的事情。在没有讨论也没有任何压力的情况下,他们突然决定,给他们的全体收银人员加薪25%。也就是说,收银员原本每月可拿到大约2500美元的平均薪水,现在突然变成了大约3100美元。他们觉得这样可以使收银人员快乐,而快乐的员工会有更好的绩效。

对于这次加薪,宜家公司当然期待积极的回报:希望员工的流动率降低,从而在招募新职员方面节约更多的时间和金钱;希望有经验的员工更多,工作效率更高;希望顾客的满意度更高;希望服务质量更好、失误更少。

然而,宜家公司后来发现,薪水的增长只使员工得到了短暂的快乐激励,这次加薪带来的正面回报仅仅维持了6个月。

管理大师德鲁克反对在激励员工时过分依赖金钱因素。他说:"物质奖励的大幅度增加虽然有时可以获得所期待的激励效果,但付出的代价实在太大,以至于超过了激励所带来的回报。"

人们对金钱的看法,远比金钱本身更能影响人的幸福程度,其关键就在于人们本身的心态,而非所拥有的财富。

美国著名心理学家谢利克曼(M. Seligman)认为,一般人都误解了"快乐"的含义。快乐其实包含两种不同的感觉:一种是愉悦感,另一种则是满足感。

感官上的享乐会带来愉悦感,而心理上的成长及成就感带来的则是更深一层的满足感。当我们自我挑战成功后,就会因有了成长的满足感而觉得无比地快乐。

你就是下一个有钱人

物质上的享受一开始会让人觉得很愉悦，然而这种愉悦感不会持续太久。如果能更进一步厘清愿景和目标，不断超越自我，人们才可能感到持久的满足感，从而真正感受到幸福及快乐。

人活着不能没有金钱，但金钱只是一个工具。人生的目标不能仅仅是赚钱，而应该是实现、提升自身价值，活出一个真实的"自我"。

比尔·盖茨的财产净值大约是760亿美元，为什么他还要每天工作？斯蒂芬·斯皮尔伯格的财产净值估计为10亿美元，为什么他还要不停地拍电影呢？

还是看看美国娱乐传媒巨子萨默·莱德斯通的看法："实际上，钱从来不是我的动力。我的动力是对于我所做的事的热爱。我喜欢娱乐业，喜欢我的公司。我有一种愿望：要实现生活中最高的价值，尽可能地实现。"

安德鲁·卡内基在33岁的时候，就成了闻名世界的钢铁大王。那一年，他勉励自己："人生必须要有目标，但赚钱是最坏的目标。我希望在直接的财富之外，每个人都能看到间接的财富；在狭义的财富之外，还要有看到广义财富的胸襟。"

金钱是许多种报酬中的一种，人们更值得追求的目标是自我提高。人的一生大概有三分之一的时间都是在工作中度过的。如果把工作当作难得的学习机会，充分利用工作中的资源，不断地从中学习处理业务和人际交往的经验，在工作中发挥最大的能力和潜在素质，不断实现自我、超越自我、创造价值，并从中不断收获成就感，那么你就是快乐的。

金钱只是工作的一部分

一群铁路工人正在月台边上的铁道上汗流浃背地工作，一列火车缓缓开了进来，打断了他们的工作。

火车停了下来，有一节车厢的窗户打开了，车厢内的空调系统散发出阵阵冷气。一个低沉、友善的声音从窗口传了出来："大卫，是你吗？"

大卫是这群工人的负责人。听见熟悉的声音，他高兴地回答："是我，是约翰吗？见到你真高兴。"

约翰是这家铁路公司的老板，大卫和他是非常好的朋友。两个人开心地聊了一会儿。不久，火车继续起程，两人只好依依不舍地道别。

火车开走后，工人们忙问大卫怎么和老板那么熟悉。大卫得意地解释，20年前他和约翰是同一天上班的，一起在这条铁路上工作。

这时，有人拿大卫寻开心，调侃他说："你为什么现在仍在大太阳底下这么辛苦地工作，而你的朋友却成了公司的老板呢？"

大卫不好意思地说："这是因为20年前我只是为了一小时1.75美元而工作，而约翰却是为了这条铁路而工作。"

金钱只是工作的一部分，你提升自身之后，钱会自然到来。在工作过程中，如果你只看到钱，却看不到个人提升，享受不到工作的乐趣，那你赚的钱是很有限的，而且这个过程充满痛苦。

工作不仅能让你养活自己和家人，还能让你明白生活的道理。工作让你知道挣钱的艰难，也因此让你更加明白要脚踏实地地规划好自己的生活。而那些用自己的努力和智慧赚来的金钱中，包含着阅历、意志、力量、思维方法、严谨作风和决断能力等，而不只是没有意义的数字。

有位企业家说："在疲于奔命中，突然有一个感觉；赚到钱后，好像失去了很多东西。天天从早忙到晚，真正的生活应该是怎样的呢？赚钱又是为了什么？在长时间的追逐中，我好像已经忘了品味人生、享受生活了。"

你就是下一个有钱人

金钱只是工作带来的副产品,并不是我们最终要追求的东西。或者说,你的工作虽然能带给你很多金钱,但是能真正给你带来最大满足的还是你真正感兴趣的事情。金钱只是获得其他东西的手段而已。工作快乐、心情愉悦、人生幸福以及成功和荣誉才是人类的至善境界,值得所有人追求不已。

事实胜于雄辩。让我们来看看成功者的例子吧!

美国百万富翁保罗·道密尔在美国工艺品和玩具业是一个富有传奇色彩的人物。道密尔初到美国时,身上只有5美元,住在纽约的犹太人居住区,生活十分拮据,然而他对生活和未来充满了信心。他在到美国的18个月内换了15份工作,因为他认为很多工作除了能让他果腹外,都不能展示他的能力,他也学不到有用的新东西。在那段动荡不安的岁月里,他经常忍饥挨饿,但始终没有长期从事那些不适合他的工作。

一次,道密尔到一家日用品工厂应聘。当时,该厂只缺搬运工,而搬运工的工资是最低的。老板对道密尔没抱希望,可道密尔却答应了。

之后,他每天早上都准时在7:30上班。当老板进门时,道密尔已站在门口等他。他帮老板开门,并帮他做一些每天例行的零碎工作。晚上,他一直工作到工厂关门时才离开。他不多说话,只是埋头工作,除了本身应做的事情以外,凡是他看到的需要做的工作,总是顺手把它做好,就好像工厂是他自己开的。

就这样,道密尔靠勤劳工作以及比别人多付出努力,学到了很多有用的东西,而且赢得了老板的绝对信任。终于,老板决定将这份生意交给道密尔打理。道密尔的周薪由30美元一下子加到了175美元,几乎是原来的6倍。可是这样的高薪并没有把道密尔留住,因为他知道这不是他的最终目标,他不想为钱工作一生。

半年后,他交了辞呈。老板十分诧异,并百般挽留。但道密尔有他自己的想法,他要按着自己的计划矢志不渝地向着最终目标前进。他做起基层推销员,想借此多了解一下美国,借推销过程中所遇到的形形色色的顾客来揣摩顾客的心理变化,磨炼自己做生意的技巧。

2年后,道密尔建立了一个庞大的推销网。然而,在即将进入收获期,每月将会有2800美元以上的收入，成为当地收入最高的推销员时，他又出人意料地将这些辛辛苦苦开创的事业卖掉，然后收购了一个濒临倒闭的工艺品制造厂。

从此，凭着在以前的工作中学到的知识和积累的经验，道密尔在公司中改进了每一项程序，对存在的很多缺点进行了一系列调整，如人员结构、定价方式等。1年后，工厂起死回生，且获得了惊人的利润。5年后，道密尔在工艺品市场上获得了极大的成功。

道密尔不是为钱工作的，更不是为眼前的薪水工作的，他是为自己的事业而工作的。

雅虎公司创始人杨致远说："纯粹为了钱去做事是很难成功的，关键是你要找到自己真正热爱的项目。"

再来看一个普通公司员工的事例。小张是一家国有企业终端科的科长，负责对销售终端布置的规范性进行指导和提供咨询。可小张除了完成自己的本职工作外，还总喜欢接手一些相关的工作；企业培训导购员时，他是当仁不让的组织、策划和对口管理者；依仗灵活多变的谈判能力和对消费者需求的熟知程度，他积极参与促销活动所需的礼品采购；他还大包大揽地承接了信息收集工作，并安排专人每日为企业高层与相关职能部门整理、报送各项最新资讯……

有的同事对小张冷嘲热讽，小张对此却处之泰然。他说："我不光是为公司打工，更不是单纯为了赚钱，我是在为自己的梦想打工，为自己的前途打工。我要在业绩中提升自己，使自己的工作所产生的价值远远超过所领的薪水。只有这样，我才能得到我想得到的东西——工作的快乐，成功的快乐。"

一年以后，小张的下属从最初的几人增加到了几十人。随着部门的扩容和职能的增多，他所在的部门由科级升为处级，他自然而然地从科长成为了处长。当时说小张是傻瓜的人，有的成了他的下属，有的辞职另谋出路。

现实生活中，像小张这样的人很多。公司是老板的，舞台是自己的，老板可能没看到你长期废寝忘食、忙碌工作的身影，但不会对你的进步视

 你就是下一个有钱人

而不见。

没有人不对高薪充满向往,但工作的意义和价值主要还是体现在个人能力的增长上。薪水固然重要,然而更重要的还是个人能力的提高!

对于没有工作经验、初入职场的新人来说,端正自己的认识尤为重要。对公司来说,不可能一开始就给新人发高工资。只有你把业绩做到了一定程度,才有可能给你高工资。

每个人都是为工作而来的。如果没有工作能力却一味谈高工资,没有老板会欢迎这样的人。

钢铁大王查尔斯·施瓦布对工作有一个十分精辟的见解,他认为:"如果一个人对工作毫无热情,只是为了薪水而工作,那他很可能既赚不到钱,也找不到人生的乐趣。"

如果只是为了薪水而工作,对工作能推则推、能挡则挡,那么你在公司的重要性就会越来越低,影响力会越来越小,话语权与活动空间会越来越窄,最后受伤害最深的还是你自己。

薪水仅仅是工作的一种报偿方式,努力工作带给自己的"报酬"远比薪水多得多。工作能够丰富我们的经验,增长我们的智慧,激发我们的潜能,创造出生产力、乐趣以及满足感和成就感,这些都是让人终身受益的财富,比金钱重要万倍。

伊利诺斯大学的"快乐"研究专家埃得·迪纳通过对入榜"福布斯400富豪榜"的富翁和南部非洲的马赛牧人的幸福度进行研究后认为,随着时间的推移,快乐的人更容易改善自己的经济状况。也就是说,金钱也许无法给人带来快乐,但可以肯定的是,快乐可以给人带来更多的金钱。

每个人的成功都得益于工作与快乐的融合,投入工作后的产出是最有成效的快乐。快乐可以带来很大的工作成功。当人们把快乐融入工作,以满腔的热情投入到工作中的时候,就会提升人的创造力,提高工作效率,改善工作绩效,实现自我价值。

能力比金钱更重要

一位有威望的老教授有两个特别优秀的学生，对于他们而言，毕业后找份好工作是不成问题的。当时，教授有个朋友正好创办了一家公司，他委托教授为自己找个合适的人做助理。教授于是推荐自己的两个学生去面试。

面试结束后，第一个学生对教授说："您的朋友对工作要求得太苛刻了，一个月居然才给600美元。我不能为他工作，我现在已经找了一份月薪800美元的工作，而且要比您的朋友那里轻松得多。"

第二个学生却对教授说："我已经接受了这份工作。"教授问他："你学历这么高，不觉得薪水太少吗？"这个学生说："我当然想挣更多的钱，但我觉得您那位朋友很真诚，而且我可以从他那里学到很多东西，这样即使薪水低一些也是值得的。"

许多年过去了，第一个学生的薪水由当年的月薪800美元涨到了2000美元，而原先月薪只有600美元的第二个学生的薪水已高达5000美元，还有公司的股份和分红。

第一个学生认为自己眼前所得的薪水太微薄，放弃了比薪水更重要的东西，实在太可惜。薪水是工作的一种最直接、也是最初级的报偿方式。一个人如果只看到薪水，那他就是一个目光短浅的人，最后受害最深的不是别人，而是他自己。那些不满于低薪而敷衍工作的人，对老板固然是一种损害，但是长此以往无异于让自己的生命更快枯萎，将自己的希望断送掉，一生只能做一个庸庸碌碌、心胸狭隘的懦夫。他们埋没了自己的才能，湮灭了自己的创造力，让自己失去了前进的动力和信心，也必然会错过很多宝贵的机会，与成功失之交臂，永远无法成为优秀的职业人。

获取薪水应该成为工作目的之一，但是从工作中获得的远远不只是钞票。能力的锻炼、经验的积累、才能的表现和品格的建立远比薪水重要，努力工作带给自己的"报酬"远比薪水多得多。

人的创造力、决策力等能力需要在长期的工作中提升和发展，而这些能力的提升和发展以及经验和能力的增长可以帮你实现人生价值。这些都是隐形报酬，但却是可以使你终身受益的能力。

能力比金钱重要万倍，因为能力既不会遗失，也不会被偷走。如果你有机会去研究那些成功人士，就会发现他们并非始终高居事业的顶峰。他们在一生中曾多次攀上顶峰，又坠落谷底，虽起伏跌宕，但是有一种东西永远伴随着他们，那就是能力。能力能帮助他们重返巅峰，俯瞰人生。

人们都羡慕那些杰出人士所具有的创造能力、决策能力以及敏锐的洞察力，但是他们也并非一开始就拥有这种天赋，而是在长期工作中积累和学习到的。在工作中，他们学会了了解自我、发现自我，使自己的潜力得到充分的发挥。

曾有一位20多岁的年轻记者去采访日本著名的企业家松下幸之助。这位年轻人很珍惜这次采访机会，做了认真的准备，因此他与松下先生谈得很愉快。采访结束后，松下先生亲切地问年轻人："小伙子，你1个月的薪水是多少？"

"薪水很少，1个月才1万日元。"这位年轻人不好意思地回答。

松下先生微笑着对年轻人说："很好！虽然你现在的薪水只有1万日元，但是你知道吗？你的薪水远远不止这1万日元。"

年轻人听后，感到非常奇怪。看到年轻人一脸疑惑，松下先生接着说："小伙子，要知道，你今天能争取到采访我的机会，明天你也同样能争取到采访其他名人的机会，这就证明你在采访方面有一定的潜力。如果你能多多积累这方面的经验，这个积累的过程就像你在银行存钱一样。钱存进了银行是会生利息的，而你的才能也会在社会的银行里生利息，将来能连本带利地收回来。"

松下先生的一席话，使年轻人茅塞顿开。

多年以后，这位年轻人早已成长为一家报社的社长。提到昔日松下先生的点拨，他仍旧感慨万千地说："员工在工作中注重才能的积累比注重薪水、职位的多少更加重要，只有这种积累才是伴随每个人一生的生存资本。"

其实，很多商业界的名人在创业伊始收入都不是很高，但是他们看的不是眼前的利益，所以他们一直在努力地工作。在他们看来，他们缺少的不是金钱，而是能力、经验和机会。如果他们工作的目的仅仅是为了薪水，那么他永远都不可能获得超越他人的成功。

马云说："在职业上升期，不要把钱看得太重要，而要将钱看'轻'。一个人头脑里面老想着钱，那他就成不了大事。"

工资只是你从工作中获取的一小部分收益，更重要的是工作经验和在工作中培养的那种让你受益终身的能力。因此，一个人应该视工作为施展才华和锻炼能力的机会，把工作当成自己的事业，将工作视为一个可以积极地学习经验、实现自己价值的机会。

其实，每一项工作中都包含着许多可以促进个人成长的机会。这样，时刻保持积极的心态，在工作中充分发掘自己的潜能，发挥自己的才干，那么原本枯燥的工作也就成了一种享受和乐趣，不但可让你获得内心的充实和宁静，也会获得老板的赞许和大家的认同，最终获得公司的肯定和器重，升迁、加薪和奖励的机会也会随之而来。

游学苑故事

◆ 我的人生拐点
◆ 一位中职教师的华丽转身
◆ 从家庭主妇到千万富姐
◆ 普通打工者实现财务自由之路
◆ 一本书成就的幸福

我的人生拐点

上海　张玲静

2011年8月，一个阳光灿烂的夏日午后，蝉鸣此起彼伏地萦绕在火车站的四周。我独自一人，背着黑色双肩包，踏上了开往杭州的列车。那是我人生中第一次一个人去往一个陌生的城市。

那时候，我刚刚高中毕业。临行的前一天，我接到了一个朋友的电话。他告诉我，我有机会认识一位经济学家——段绍译老师，而且他还是唯一与著名经济学家茅于轼教授签有"拜师备忘录"的亲传弟子。

天哪！一个如此平凡而普通的高中毕业生，竟然有机会接触这样一位德高望重的老师，我激动、欣喜。于是，我就收拾行装，攥着口袋里母亲给的有点褶皱的500块钱，毅然从一个极其普通的南方小村庄出发了。

那时，我还不知道：当我背着黑色双肩包，嘴角微扬，迈着轻盈的脚步走出村庄的那一刻起，我的人生就已经悄悄地开始发生微妙的变化了。

一、名师指路

段老师的第一天课程是可以免费试听的，我格外珍惜。因为我很清楚地知道，我没有足够的经济实力交齐学费上完总共为期5天的课程。于我而言，我仅有一天的学习时间。那一天，试听的学员很多。算上已经正式报名的学员，课堂上座无虚席，整个教室都坐得满满的，学习的氛围格外浓烈。

第一天的课程结束以后，我鼓起勇气，小心翼翼地拨打段老师的电话。那是我人生中第一次拨打5个"8"连号的手机号码，生怕多按或者少按一个"8"。我向老师表达了自己学习一天的真切感受，并且不舍地与段老师在电话里道别。可是，段老师竟然在电话的另一头对我说："你明天继续来听课吧！"我简直不敢相信自己的耳朵。我从未想过这个简短的电话会改变什么，我只是想真诚地表达自己内心由衷的感谢。但是，段老师为一个没有足够经济实力的女孩提供了可贵的免费试听机会，让我能够继续当面听老师传授知识、指点人生。

就这样，我很荣幸地得到了免费学习5天的机会，真的是受益匪浅。

在大学里，我的专业是会计学。当时填报志愿时，还是通过朋友向段老师请教的呢！段老师会在课堂上为每位学员量身定做理财、创业方案。之后，我把段老师的理论运用于生活，发现我的大学生活近乎完美！

中考时，由于成绩优异，我被保送到当地的一所省级重点中学实验班就读；高考时，我却只上了一所普通的二本院校。高考的失败对我来说无疑是一次极大的打击。然而，自从在杭州幸遇恩师后，我顿悟了。我不会再为那些过去的事情徘徊、后悔，其实，我还是很优秀的呢。有些同学把考入大学当成了人生中最大的目标，在结束高考、步入大学之后，可能就觉得整个人生失去了方向，认为接下来可以完全放松了；即使有的人内心中仍然想去追寻人生的下一个目标，却又不知该去追求什么以及从何开始。但是，我很清楚地知道，我绝不会像他们那样迷惘。

二、崭新人生

经过段老师的指点，我已经有了非常明确的定位，对自己的大学生活充满信心。从新生军训的班级联络员，到跨班级的三连二排女指挥员，我一进校门就体会到了新生活的美好。

军训时，我联想起天安门广场前大阅兵的女兵方阵，发觉原来我也可以像方阵指挥那样，站在方阵的最前排，踢着正步，英姿飒爽，以敬礼的姿势带领着整个方阵从容地走过军训会操的主席台。那一刻，就在我们整齐划一地向主席台行注目礼的时候，我终于圆了最初的女兵梦！

军训生活是中学与大学最好的衔接与过渡。在接下来的日子里，青年志愿者大队、学生会，处处都活跃着我的身影。后来，我担任了学生处的学工助理一职，真切体会到了老师们为学生种种无私的付出以及良苦用心。这些无疑都成了我积极向上的动力，滋养着我踏实努力、步步向前。

我格外珍惜大学里的每一节课，因为每一位老师都会穷尽其所能，为了可以让他们此前所学更好地注入我们每一位学生的灵魂。我觉得我好幸运，人生中遇到的老师，都对我超好。

在大学里，我也获得了不少荣誉：连续3年获得一等奖学金和优秀学生奖学金特等奖，并获得了国家奖学金、国家励志奖学金、浙江省征文大赛三等奖、市硬笔书法比赛行书组铜奖、校财会知识信息化大赛三等奖、校高等数学竞赛鼓励奖以及"优秀团干""党校优秀学员"等荣誉称号。

不过，这不仅是由于我个人付出了努力，更要感谢恩师与同窗们的相助与鼓励。感谢我的母校——上海财经大学浙江学院为我提供了足以展现自我的平台；感谢我的恩师——段老师，倘若没有他，我便无法看清自己的人生定位。怪不得段老师常说：在高中毕业后的暑假参加过快乐理财游学班的多数高中毕业生，随便读个"三本"胜过"一本"，随便读个"一本"胜过硕士。

但是，大学毕业后，我竟然又开始困顿、迷茫了。我觉得那不是我想要的生活，可又不知道哪里做得不好。我一直在寻找答案，可结果依旧未知。

三、心灵洗礼

时隔4年，又一次偶然的机会，我在长沙与段老师再次相见。那种感觉很奇妙，我无法用言语表达。那时候，我匮乏的文字已经完全跟不上我内心感受的脚步，难以言表。

在长沙，我向段老师诉说我的现状，渴望得到老师的再次指点。随着段老师对我的现状很有条理地进行分析，我感觉自己的未来之路又开始由原本模糊的状态渐渐变得清晰、明朗起来。

段老师强烈建议我去听另外一位老师——骊雅老师的"女性魅力"课程。其实，我在大学里早已关注过骊雅老师的微博，对她有过初步的了解，知道她是"美的布道者"，会让我们发现"那个最美的自己"。倘若我去上课，一定会满载而归。可是，一听到学费，我真的又怕承受不起。当时，我陷入了深深的纠结。我好想去学习，可是刚刚大学毕业，我的经济实力完全不能支撑我一路向前。我极度无奈，感觉自己就像是即将脱缰奔驰的野马，可是背后总有一根物质的绳子紧紧束缚着自己，欲罢不能。

我给了自己3天的时间思考。最后，我毅然做出决定：我一定要去，因为我真的不想让未来的我痛恨今天的自己！

学习完骊雅老师的课程，我才明白：原来，我也可以如此优雅！其实，连我都被那天的自己深深地感动了，因为那就是我原本应该展现出的样子，我终于找回了自己。

在段老师的指导下，我的大学生活近乎完美，让我深深地眷恋其中，以至于毕业后到了该转换角色的时候，我却仍旧是稚气未脱的学生模样，总认为自己还是个在校大学生。现在，我才明白：美，就是接纳自己。每个女孩其实都是美的，如果你自己没有感受到，那就是你没有激发自己内心深处潜在的那份阴柔之美，没有活在自己本来的位置。其实，美就是做最好的自己。骊雅老师感化了我，课程短暂，却让我受到了心灵的洗礼。

说实话，起初我真的是咬着牙、豁出去才决定去学习骊雅老师的课程的，所以我在去六安学习的路上就不断告诫自己，不能浪费一分钱的学费，要把所有该学到的知识都纳入囊中，不然就对不起自己交的学费。经过骊雅老师对我的心理治疗之后，我更加明白了未来我需要面对怎样的人生，以及我需要做出怎样的选择才会不辜负这短暂的一生。我们本该美好地活着，为何要把自己弄得狼狈不堪呢！

自从这次学习回来，我明显感受到周围的一切都在慢慢地变得美好。我也发现：我是个有力量的人，我的执行力很强。原来，一切都取决于自己。或许，这就是"以我观物，故物皆著我之色彩"的另一种体现吧。

幸福总是来得太突然！2015年3月初，我在长沙重逢段老师；经段老师推荐，我于3月底跟随骊雅老师学习；4月初，又经我的大学恩师推荐，我成功应聘国内最大的内资会计师事务所——瑞华会计师事务所，目前已经入职整整一年。短短的一个月内，我的人生发生了巨大的变化。当然，这一切趋向于美好的变化不仅仅源于我自己的努力争取，更源于我的恩师们——我生命中的贵人们——的鼎力支持与无私相助！

认识段老师，就是我人生向上的拐点。段老师让我拥有了清晰的明天，为我的人生搭建了理性的框架；段老师帮助我结缘骊雅老师，又为我的理性框架渐渐渗透进了感性的部分，以至于我的人生大厦不仅仅具备清晰的脉络，还有了更加柔软的部分。有了框架，我的人生大厦就不会轻易坍塌；有了柔软的部分，我的人生大厦就会更加的充实、完整和美好。我发自内心地感谢老师们引领我走向更加美好的人生！

更幸运的是，这一切，才刚刚开始……

2016年4月2日于浙江衢州

你就是下一个有钱人

一位中职教师的华丽转身

珠海　刘雄

我叫刘雄，1982年出生在湖南省新化县温塘镇的一个小山村。

2012年之前，我是一个生活很平淡、日子也很拮据的中职教师。2011年3月，我无意间在娄底新华书店看到了段绍译老师的《普通百姓致富之路》，里面的"段氏16条语录"（编者注：详见本书附录"段绍译16条投资理财经典语录"）让我受益匪浅。

一、初尝甜头

2011年11月，又一个偶然的机会，我得知段老师在深圳举行读者见面会，当时我恰好在东莞出差，就抱着试试看的心态去了。我在现场做完自我介绍后，段老师对我讲了一句让我印象非常深刻的话："你当老师只能解决温饱，不能致富。要想致富，就要到人多的地方和钱多的地方去，并选对行业、跟对人。"在这次读者见面会上，段老师给我们讲了很多赚钱的方法和技巧。这些知识是我见所未见、闻所未闻的，让我深受启发。

我回到学校后不久，就提交了辞职申请书。我在没有一点心疼的感觉下，就从工作了十几年的教师岗位中"解脱"出来了。其实，由于我的文凭不是很高，自认加薪、升职都没有多大希望，还要还房贷，一家四口的生活很紧巴。更重要的是，我的两个孩子读幼儿园要花不少钱，这让我们家当年的日子过得非常清苦。

那一年春节期间，我回到老家过年，对家里人说我辞职了，要把孩子放回老家读书。

在全家人都非常反对的情况下，我带着1000元，和爱人张庆婷（后来她成为了快乐理财游学苑第62期学员）一起坐上了南下的火车，到了号称"世界工厂"的东莞。我先把爱人安置到东莞三星电机厂上班赚生活费，而我本人则在段氏理论的指导下，选择了劳务中介行业。

不久，我找到了一家刚成立且有正规资质的公司。我按照段老师的指导，打电话给老板表明态度：①我可以不要工资；②我有驾照，可以免费给您当司机；③工作期间，我自己掏钱吃饭；④我只要你给我安排个简单住处，并按业绩提成就可以了。老板觉得在不增加任何开支的情况下能找到一个这样的人很不容易，就很爽快地答应了，并给我安排了住宿（其实条件很差：一个房间内有5张铁床，上下铺的那种，我分到了一个下铺）。就这样，我怀揣着当老板的梦想和十足的干劲，当起了学徒。

在一年的学徒期间，我从对业务一无所知到靠业务提成赚了13多万元，相当于赚到了我以前当老师时两年多的工资，还见到了大世面、获得了新经验。因此，我特别感激段老师对我的指导和帮助。

二、稀缺理论

在这里，我要特别感谢段老师教我的"稀缺理论"：

1. 在市场经济时代，一定要知道什么是稀缺的东西。做的事少、赚的钱多，甚至别人为了求你办事要排队，还想给你很多钱，那么这个事就是稀缺的。段老师教给我的这些知识，我从学徒到创业再到现在企业转型升级，一直在用，并且运用得非常好。

2. 努力把自己变成稀缺的人才。学徒期间，我在老板和同事面前从不贪图小利益，还经常吃小亏给他们做贡献；非常勤快地完成老板交给我的事情，并做到大家相互满意；还经常帮同事做一些力所能及的事，如煮饭、炒菜、打开水、打扫卫生等。

3. 在开车接送老板、客户、同事的过程中，我也学会了怎么招人，怎么帮员工办理入职、离职手续，怎么对员工进行现场管理，怎么进行费用结算等方面的专业知识。

三、成功创业

2013年刚过完年不久，了解到段老师要在长沙开办"快乐理财游学班"，我在全家人的反对下（家人觉得学习7天要交1万多元，是搞传销）坐着高铁就去了。在游学的过程中，段老师向我们很详细地讲解了普通百姓赚钱的7条途径。

通过段老师对"机会成本""边际分析"和"保本点分析"等一系列深入浅出的讲解，我发现自己瞬间成长起来了，甚至有脱胎换骨的感觉。

学成归来，我立马就做了两个决定：①去珠海注册成立了珠海市龙越人力资源服务有限公司；②用手里剩下的钱买了一台20多万元的新车。

一个月后，我在朋友的带领下参加了珠海娄底商会成立大会。在我们那一桌，通过我的自我介绍，凭借我学习的"段氏理论"和对行业的专业分析，很快就有一些意向投资者向我咨询。我说："大家都是老乡，你们若入股，亏的钱算我的，赚的钱六四分成，我可以把公司账目给你们来管理。"他们看我一年就能买到车，都感觉遇到了非常不错的人和行业。散会后，有一个大姐来我的公司考察了三四次，就跟我合作了。在我们的合作关系中，我负责组建公司团队，她负责出资并管理公司财务。

在珠海，我成了"段氏理论"的第一个受益人。我运用段老师教的"快乐人生10字真言"（学会"选择"、学会"合作"、学会"妥协"、学会"拒绝"、学会"放弃"），系统运用"分工、分权、分钱"理论，让公司在第一年就赚了200多万元。我靠着"段氏理论"的指引，坚持以"利人利己"为原则，诚信做人、踏实做事。那时候，又恰逢珠海几家国有企业进行改制，我的公司成了这个区域唯一的指定劳务供应商。这几年的经营成绩让认识我的人都觉得不可思议，我也一跃成了该地区、该行业的黑马。

四、幸福生活

2014年3月，我又参加了段老师在山东济南举办的"民间借贷特训班"，通过深入理解和实践段老师的"六借"理论⊖和"十二不借"理论⊖，我现在一边运营劳务派遣公司，一边用多余的资金做民间借贷，目前已经实现了财务自由、时间自由，一家人在珠海生活得快快乐乐。现在，有几十个人跟着我一起入股投资，真正践行恩师的"快乐赚钱、享受人生，并帮助别人享受人生"的人生目标。

2016年4月18日于广东珠海

⊖ "六借"理论：①借款人的人品被我认可；②借款人有很好的信用记录；③借款人有持续赚钱的能力；④借款人有远远大于借款金额的实力；⑤借款人的投资项目被我认可；⑥借款人的还款来源可靠。

⊖ "十二不借"理论：①看上去不顺眼的人，不借；②有严重不良信用纪录的人，不借；③没有持续赚钱能力的人，不借；④没有还款实力的人，不借；⑤我自己不认可的投资项目，不借；⑥借钱去炒股、买基金、做期货的人，不借；⑦有复杂社会背景的人，不借；⑧有严重不良嗜好的人，不借；⑨老账未清又借新账的人，不借；⑩有刑事犯罪前科的人，不借（过失犯罪除外）；⑪配偶不支持的人，不借；⑫借钱去还高利贷的人，不借。

从家庭主妇到千万富姐

哈尔滨　廖悦

我叫廖悦，湖北恩施人，现居住黑龙江省哈尔滨市。2012年3月，我到长沙和张家界参加了快乐理财游学苑举办的第38期"快乐赚钱，享受人生"游学班的学习。参加学习之前，我和爱人在北京已待了8年时间。那时的我只是一个普通的家庭主妇，在家带了5年小孩，只是有时会协助爱人管管钱。

顺便说一下我爱人的情况：他于2008年在北京参加了一次段绍译老师的读者见面会，听了段老师的建议，就不打算继续打工了，并于2009年下海创业。但是，直到2011年，公司规模还只是十几个人，而且根本就没有什么利润。

眼看着参加过游学班的同学一个个富起来了，我爱人终于在认识段老师3年多后带着我去长沙和张家界参加了段老师的游学班。

说实话，当时我对去长沙学习是非常抵触的，因为我以前从来不爱学习，而且我也不认为通过短短几天的学习就真的可以帮助我们实现"快乐赚钱，享受人生"的梦想，更别说改变我们的人生命运了。可以说，这次去学习，我是被爱人"骗"过去的。

我爱人为了"骗"我去学习，说已经给我交了1万多元的学费，并且说段老师那里很怪："如果交了学费不去学习是不退学费的，但学习完之后如果感到不满意是可以无条件退学费的，甚至假装不满意也是可以退学费的。"因为我想把交了的学费退回来，就很不情愿地随爱人到了长沙。

真没想到，段老师的课是如此的通俗易懂，我这个从来不喜欢学习的人也听得如痴如醉。段老师在上课时给每个学员量身定做的方案也是如此地接地气，真有点石成金的魔力！

学习完之后，段老师让我们填写"满意度调查表"，我豪不犹豫地填写了"非常满意"和"物超所值"。很有意思的是，在我们填表之前，段老师对大家反复强调："你们都可以假装不满意啊！可千万不要假装满意！"但我们那一期来自全国18个省、市、区的40多位学员全部填了"满意"和"非常满意"。

那几天的系统学习使我醍醐灌顶，改变了我很多旧有的观念。按照段老师为我量身定做的方案，我放弃了在北京开店的计划，放弃了让小孩在北京上学的计划，果断劝爱人把公司搬到了他在黑龙江的老家，并用段老师教给我的知识积极参与公司的运营管理。在过去的三四年时间里，我们先后开了十几家分公司，每家分公司都运营得很好，业务蒸蒸日上。我们的资产也达到了以前连想都不敢想的千万级别。

也许大家会问：段老师到底用了什么灵丹妙药，让你从一个相夫教子的家庭主妇变成了今天轻松愉快的千万富姐呢？下面我就来给大家分享一下。

一、学会放弃

以前，我一直不想和爱人做同一个项目，因为我信奉"鸡蛋不要放在同一个篮子里"，所以很少参与爱人公司的事情。当时，我正准备加盟一家"养发+养生"的加盟店，为此常去朋友店里"义务"帮忙。

段老师帮我分析道："你要加盟的这个项目是个很一般的项目，虽然可以赚些小钱，但却要把你整个人都拴在里面，机会成本很高。别人也许可以做，但你千万不要去做，因为你爱人现在做的是一个很好的项目，你为什么要舍弃一个好项目而求其次呢？"

"另外，开这种店要选择客流量比较大的地方租店面，租金会非常贵；接着，你要装修房子，交加盟费；然后，加盟商还要求你首次进货就必须进3个月的货，这就是为了怕你加盟以后后悔而采取的绑定策略。如果这个项目真的很好，加盟商就不会对你们采用这种策略了。你们要学会放弃，把有限的时间、精力和资金等资源放到最有发展潜力的事业上，而不能分散精力、分散投资。"

我觉得段老师的话很有道理，于是就放弃了这个项目而去帮爱人经营公司。

二、学会"搬家"

段老师说："企业家就是要合理地配置人、财、物，使人尽其才、物尽其用，生产出性价比高的产品或服务。如果不明白这个道理，是很难把企业做好的。

"你们公司的主要成本是人工工资和房租，而你们的员工的主要工作是打电话。如果你们把公司搬回黑龙江，做同样的事，可以节省50%左右的员工工资和70%以上的房租，而且对业务不会有任何影响。如此一来，你们的公司就一定会比北京的同类公司有更多的比较优势，所以一定能把公司做大做强。

"人要跟着机会走，不能被房子套住。根据事业的发展需要，有时候要把家从中小城市搬到大城市，有时候也要把家从大城市搬到中小城市。根据你们的具体情况，我建议你们尽快把家从北京搬回黑龙江。"

于是，我开始支持爱人回黑龙江老家开分公司，但自己还是想留守北京。表面上，我是想帮爱人打理北京公司的业务，但实际上我是不想离开生活了十多年的大都市，也不想让孩子离开北京回二线城市上学。

这时候，段老师又开导我说："你们北京公司行政上的工作可以授权少数几个核心员工来做，你没有必要亲力亲为。"

"至于你不愿意离开北京"，段老师接着说，"北京不是一个适合每个人的地方。作为一个普通人，加上你们在外地还有很好的项目，就尽量不要待在北京了。如果有一天你们发了大财，只要你认为有必要，还是可以重返北京的嘛！

"还有啊，你们要解放思想。小孩子在哪儿上小学不太重要，最重要的是健康快乐地成长，并从小培养他的自信心，并尽量要和父母在一起，去感受你们家庭的和谐、温暖，去见证你们事业的成长、壮大。

"另外，在公司的初创和发展的关键时期，你们夫妻最好生活在一起，肝胆相照，相濡以沫，一同吃奋斗的苦、一同品成功的甜。"

听了段老师的反复劝说，我们一起把家搬回了黑龙江，共同奋斗、共同发展。从此，公司的利润一天天多了起来。

三、学会"机会成本分析法"

段老师不愧是理财专家，对于成本与收益的计算信手拈来。

谈到买房和孩子上学的问题，他对我说："你们家小孩要上小学，而在北京买个很一般的学区房少则两三百万元，稍好一点的就得五六百万元。你们正处在事业的成长期，需要用钱的地方多着呢。即使你们在银行能贷到款或者能找亲戚朋友借到钱，你们现在也不需要把钱换成房子，因为这样做的话机会成本太大，会束缚你们事业的发展。"

虽然段老师的话跟我最初的想法差别很大，但思来想去，我和爱人都认为段老师说的是对的。如果一旦背上一个房贷的包袱，真的会让自己喘不过气来，那样我们就无法在事业上取得多大的发展。三四年后的今天，证明段老师的话绝对是真理，而我们也没有辜负他对我们的期望。

四、学会经营管理

最早的时候，我能帮爱人做的事情就是管管钱。我也不懂什么企业经营管理事务，同时也怕自己的不专业给爱人帮倒忙。

但是，段老师跟我说："你要把自己变成公司经营管理的行家里手，而不是去管钱。管钱的工作，聘一个会计师天天向你们汇报即可。但很多女人不懂这个道理，她们以为爱人在外打拼，自己在家管钱就可以了，结果最多也就把自己变成一个出纳而已。像你这么聪明的女人，一定可以把自己打造成爱人管理公司的好帮手，帮爱人去拓展事业，做个旺夫女。"

同时，段老师教我们如何"分工、分权、分钱"，凡是能请人做的事就尽量不要亲自做。这个建议果然很有效：这几年，我们的公司越来越大，赚的钱越来越多，但我们两口子却越来越轻松了。段老师给我们讲课时告诉我们，通过 7 天的学习一定可以实现与之前相比"少做事，多赚钱，更快乐"的目标，当时我们本来以为他是在吹牛。但实践证明，段老师的承诺一字千金！

几年下来，我和爱人在黑龙江老家这边先后开了十几家分公司，公司员工已近两百人。想想这些年的发展变化，最应该感谢的是爱人当年带我参加了段绍译老师的游学班。感谢段老师的教导，感谢快乐理财游学苑使我脱胎换骨！

2016 年 2 月 10 日于黑龙江哈尔滨

普通打工者实现财务自由之路

定州　刘丽娜

我叫刘丽娜，石家庄人，初中学历，是快乐理财游学苑第18期的学员。在参加段绍译老师的游学班之前，我和爱人都是月薪2000多元的普通打工者。

2008年，我爱人王东军拜读了段老师出版的第一本书《普通百姓致富之路》，受到鼓舞后参加了段老师的第11期游学班。因为他当时是瞒着我去的，也没有得到我的支持，这次游学算是无疾而终。

2009年，应爱人的一再要求，我远赴长沙和张家界，参加了第18期"快乐赚钱，享受人生"游学班。这一次，因为对段老师的许多方案有所质疑，所以没有很好地学以致用，只是把当时生意不太好的毛衣店转出去了。

其实真正的转变开始于我给段老师打的一通问候电话。那几年，我们家生活非常困难，就连参加游学班也是争取到了免费的名额才去的。当时，段老师只收取了我4000元的食宿、旅游、资料费。

参加完游学班后，段老师对我说："我们办的快乐理财慈善基金会准备扶持10个生活比较困难的学员。既然你这么困难，那就去想办法借5万元，基金会再无息借给你5万元，把这10万元按月息3%借给学员里面有资金需求的老板，基金会理事们给你提供担保。一年后，给你返还本金。"就这样，我们家每月增加了3000元的收入，生活算是有了改善。

2013年，我看到很多参加过游学班的同学一个个地富起来了，于是再次参加了段老师的游学班。这一次，我完完整整地听从段老师的安排：先去一家饭店打工，学习他们的管理技术；然后，在段老师的指导下，在河北省定州市西城区明月北街51号开了一家麻辣香锅店。特别值得一提的是，段老师有两次不远千里来我们的店里进行现场指导，每次都给我们提出十几条建议。段老师的点子真多,他每来店里指导一次,我们的月利润都会比原来增加30%~50%。现在,店里的生意做得红红火火,我们全家也因此过上了比较宽裕的幸福生活。

  2015年,段老师提议赚钱较多的老学员为基金会捐款,以便帮助那些这几年因为参与民间集资而濒临破产的学员改善生活。我和爱人商量后,毫不犹豫地捐了2万元。因为这些钱都是段老师帮我们挣来的,当年的我就是靠着段老师和基金会的帮助才摆脱困境的。同时,我也希望所有的学员都能像我一样早日"快乐赚钱,享受人生"!

2016年4月8日于河北定州

一本书成就的幸福

北京　寇飞

"美丽的新娘,你是否愿意与你面前的这位男子结为合法夫妻,无论疾病还是健康,贫穷还是富有,或任何其他理由,都爱他,照顾他,尊重他,接纳他,永远对他忠贞不渝,直至生命的尽头?""我愿意!"……

2015年12月12日,随着这一段在爱情剧里经常出现的承诺,一对新人在北京长缨楼正式成为了夫妻。这一天成了我和谢妍生命里的一个里程碑。

这两个原本没有任何生活交集的年轻人,在互联网创造的多维空间里相遇了。这是互联网给现代人创造的奇迹!不过,我们相识、相知的过程也有过一些变数,回头看看,倒是一个很有趣的故事。

我的社交广泛,性格也比较成熟稳重。在参加快乐理财游学苑的学习之后,我靠自己的努力打拼,在北京站住了脚。我主要做借贷服务,凭借一些"天赋"和对人的直觉判断,很少出现坏账。我的朋友多是40岁以上的成熟男士,大家都有广泛的社交圈。

谢妍则是一个不怎么爱社交,喜欢宅在家里的白领女孩,性格比较内向,社交面窄,在一家互联网企业工作,工作强度大,社交时间也少。她主要负责培训工作,在互联网行业工作了10年。

缘分真的很奇妙!缘分能在特定的时间、特定的地点把两人拉到一起。2012年新年,从没催过婚的妈妈问了谢妍一句"是不是可以开始在某方面做些努力了",于是她回京之后就注册了一家婚恋网站的会员。虽然工作了这么多年,她和男人相处的经验却很少。就在这个时候,我也注册了这个网站的会员。2012年7月,我们两人互相加了QQ,可是聊了一句话后却很久没再联系。当时,我热情地对她说:"一起去新疆玩吧,包吃、包住、包玩哦!"

你就是下一个有钱人

可是，这句话对一个内向的女孩来说显得有点轻浮。于是，她对我做了鉴定："流氓"是也！然后，就没有然后了。

缘分总是很奇妙！缘分到了，可以让两个人相识，可是缘分不够也没办法让两个人长相厮守。要想瓜熟蒂落，还需要更多的契合点。

有一天，谢妍正在看财经新闻，突然想学学理财。她无意间上了QQ，突然看见了我的QQ签名：《谁是下一个有钱人》，快乐理财、快乐生活。这可太巧了！于是，她开始主动找我聊天，我就向她介绍理财观念，介绍段绍译老师创办的快乐理财游学苑带给我的改变。我们开始像朋友一样聊天；她想从我这里学习一些理财知识，而我也乐于分享这些内容。于是，我们的命运开始产生了交集。

我们从"稀缺"开始聊。"稀缺"是段老师在书里不断提到的一个概念。中国人需要拥有更多财富，同样也需要更轻松地拥有财富。稀缺是市场经济时代的核心财富密码，是财富、市场、成功的代名词。谁发现和拥有了稀缺资源，谁就能掌握更多的财富。

多数都市白领对理财一窍不通，"月光族"是很多人的代名词。当很多人想要学习理财的时候，各种专业术语又让人望而却步。所以，当我把段老师在书里讲的知识运用起来，站在百姓的角度来聊这个稍微有点"不百姓"的话题时，谢妍惊喜地认识到了全新的财富观念，这让她对我充满了崇拜。不过，她后来才知道，我的很多知识都是转述的段老师的原话，现学现卖。

不过，感谢那一次的"现学现卖"为我们建起了沟通的桥梁。

一段感情的开始，总会与一些关键事物和关键人物有关。在我们的这场幸福中，最关键的人就是段绍译老师，最关键的红娘则是段老师的《谁是下一个有钱人》这本书。现在，段老师又出版了一本《你就是下一个有钱人》，我和谢妍衷心希望这本书能给更多的朋友带来幸福和财富。

2016年4月20日于北京

附录 | Appendix

段绍译 16 条投资理财经典语录

1. 诚信第一,你值得很多人信赖和有很多人值得你信赖是两笔巨大的财富。

2. 不要拼命地为了赚钱去工作,要学会让金钱拼命地为你去赚钱。

3. 选择不对,干了白费。

4. 完美的东西不一定值钱,但稀缺的东西一定值钱。所以不要追求完美,要追求稀缺。

5. 年轻人不要太在乎自己拥有什么,而要在乎自己能享受什么。

6. 买房要么是为了提高自己的生活品质,要么是为了作为投资手段赚更多的钱。但如果为了买房而终生成为"房奴",不管房子怎么升值,对你来说都是毫无意义的。

7. 赌博是有可能赢钱的,但永远不要羡慕一个赢了钱的赌徒。

8. 股市是一个允许投机的"投资场所",但你最好不要把它当作一个可以投资的"投机场所"。"博傻理论"在股市大行其道,但不要认为自己每次都能找到比自己更大的傻瓜。

9. 人不一定要按自己拥有的实际现金去决定投资规模,而要在认定安全、稳健的前提下,需要投资多少钱就想办法去借多少钱。

10. 借钱不一定是坏事，一个不会借钱的人一定不是投资理财的高手。只要能通过借钱赚到更多的钱，不管付多少利息都是对的，否则就是错的。

11. 高档的奢侈品未必能提高你生活的品质。在基本生活有了保障之后，人生最大的享受是心灵的享受。

12. 科学合理地消费就等于收入的增加，学会省钱也等于赚钱。

13. 对自己的账目应尽可能地随时做到心中有数。

14. 一项投资，不管存在多大的潜在风险，只要能够转移或者控制风险就等于没有风险；不管存在多小的潜在风险，只要不能转移或者控制风险就可能是百分之百的风险。但是，一点风险都不敢冒是最大的风险之一。

15. 一个人能走多远，要看他与谁同行；一个人多么优秀，要看他身边有什么样的朋友；一个人能有多大的成就，要看他有谁指点。

16. 读万卷书不如行万里路，行万里路不如阅人无数，阅人无数不如名家指路，名家指路不如名家带路。

跋 | Postscript

读懂马斯洛，提升幸福感

近年来，我们在媒体上经常看到"过劳死""人才荒"和"疯狂跳槽"等职场流行词汇，这些词汇可以折射出企业家的辛酸与无奈以及员工的不满与无助。这样的世态万象究竟问题何在？结合本人近20年的企业管理经验，我认为运用好马斯洛的"需求层次理论"，可以为解决此类问题提供方向。

俗话说，快乐是幸福的源泉。越快乐越容易赚钱是一个颠扑不破的真理。没有快乐，也就没有幸福，更不能赚来大钱。真正的大钱赚起来大都比较轻松。一个人就算是每天工作24小时，如果只是拼尽气力赚点辛苦钱，年赚上百万就是奢望，要向赚到上千万元或者上亿元更是连想都不要想。

"正大光明，快乐经营"是我创办企业的宗旨。有幸福感的企业应该不仅能为社会创造财富与价值，而且也能为置身其中的员工带来身心愉悦的幸福体验。

满足员工的幸福感，就是满足员工不断增长的正当需要，这其中的关键就是以人为本。我认为，时有发生的员工跳楼事件和疯狂跳槽现象的背后，归根结底，大都是因为企业缺乏以人为本的观念，造成员工所期待的幸福需要得不到满足。如果用马斯洛的"需求层次理论"来说明，就可以更加直观地解释这些问题了。

美国著名心理学家马斯洛在《人类动机的理论》中提出了"需求层次理论",他把人的需求分成为生理需求(physiological needs)、安全需求(safety needs)、社交需求(love and belonging needs)、尊重需求(esteem needs)和自我实现的需求(self-actualization needs)五个层次。这五个层次像阶梯一样从低到高,逐级递升。其中,生理需求是维持人类自身生存的基本需要,是人类最原始、最基本的需求,如食物、水、空气、性欲、健康等。在生理需求得到满足之后,人就会产生安全需求,如渴望安全、稳定的工作环境,摆脱失业威胁及得到某些社会保障等。再上一个层次是社交需求,如满足归属感、希望得到友爱等。尊重需求可分为内部尊重和外部尊重:内部尊重就是人的自尊,外部尊重是指一个人希望有地位、有威望,受到别人的尊重、信赖和良好评价。自我实现的需求则是人的最高需求,是指实现个人理想、抱负,将个人能力发挥到最大程度。马斯洛的需求层次理论揭示了人类复杂需求的普遍规律,成为现代管理理论的重要基础。它直观地告诉我们,现代企业的幸福危机实则是对员工的管理出了问题。

员工工作的目标就是为了追求他们的幸福:首先,物质上要得到保障,能够安居乐业;其次,要融入企业的大家庭当中,成为其中的一员;第三,每个人的工作更是为了体现自己的人生价值,通过施展自己的才华,发展成为受人尊敬的成功人士。

因此,幸福感强的企业都应该营造"以人为本"的文化,关注和重视员工的各种需求,给员工创造幸福感,让员工不仅仅获得富足的物质回报,而且能够幸福、快乐又有尊严地生活。

所以,我认为要建立一个有幸福感的企业,最重要的是两点:一是要有优秀的企业文化,二是要了解并满足员工的合理需求。

一、让没钱人有钱,让有钱人快乐

有幸福感的公司一定有令人向往的优秀企业文化。这种企业文化一定是充满了快乐、正义和光明的,因为只有优秀的企业文化才能留得住优秀的人才;只有以人为本,用爱感化员工、用爱感动客户、用爱感恩社会的企业才是受人尊敬的企业；也只有在这样的企业中工作的员工才有幸福感。

湖南豪爵商务有限公司（下称"湖南豪爵"）从2000年成立至今，一直秉承"用心者加薪，辛苦者不苦，实干者实惠，多劳者多得"的经营理念，朝着"让没钱人有钱，让有钱人快乐，让快乐的人实现梦想"的愿景而努力。正是这种文化的土壤，才孕育出了行业的冠军之花。在我看来，这种企业文化就是吸引人才、留住人才的软件。一般来说，销售公司的人员流动性是很大的，然而湖南豪爵却没有这样的情况。

公司至今虽然只有短短16年的历史，但大部分员工都有10年以上的工龄，公司人员结构也非常稳定，这也从侧面说明了湖南豪爵倡导的"快乐经营"的企业文化是正确的。因为幸福是企业及员工不言而喻的共同追求。尽管幸福的方式和内涵可能具有差异，但是目的是一致的。在这种情况下，优秀的企业文化就像是一种无声的教育、一种高级的享受、一种精神的洗礼，决定了一个公司的长久稳定与战略高度，也决定了置身其中的员工的发展方向。所以说，能让员工产生幸福感的企业文化应该是建设企业文化的出发点，也应该是最终点。

二、了解并满足员工的合理需求，让员工有幸福感

要让员工有幸福感，除了优秀的企业文化外，企业还应全面了解并满足员工的合理需求。

当前，社会竞争加剧、发展节奏变快等因素会让员工普遍存有职场困惑与压力，哪怕收入不断提高，压力也在不断增加。

按照马斯洛的需求层次理论，收入高低并不是影响员工幸福感的唯一因素。尤其是当企业发展到一定程度，员工收入已能满足生存需要时（也就是满足了生理需求和安全需求后），员工更希望在工作中能受到尊重，实现自我价值。当然，在不同时期的不同组织中，不同员工（哪怕是同一个组织中的不同员工）的需要也充满变化与差异性。对此，管理者应该弄清员工尚未得到满足的需要是什么，然后有针对性地予以满足，让员工始终快乐地工作，提升其幸福感。

以湖南豪爵为例，结合马斯洛的需求层次理论，目前我们主要通过以下4种方式来提高员工的幸福感。

首先，以合理的薪酬待遇满足员工的生存需要，提高员工的幸福感。在我看来，管理首先就是分钱的艺术。在湖南豪爵，员工工资是建立在集体工资协商协议的基础上的，而且会随着企业经营效益的增长逐年提高职工工资和奖金、福利。为了真正贯彻"多劳者多得"的经营理念，公司设立了科学合理的考核和奖励机制，且一直严格执行。

除此之外，公司有很干净、卫生的食堂，为员工免费提供中餐和晚餐，让员工吃得放心。基于让员工健康、快乐工作的出发点，公司还建设了齐全的运动健身设施，健身房里有台球、乒乓球、健身器械等设施，并建有标准化的室外篮球场。值得一提的是，如果把篮球场的场地建成库房，一年至少能够为公司多创造几十万元的利润。但为员工的健康考虑，公司毫不犹豫地建设了篮球场。为了号召员工走出办公室锻炼身体，公司还规定每周三下午和每周六上午为锻炼时间，所有的员工都要尽量参与到体育锻炼中去。这样的工作环境让所有员工的脸上都洋溢着幸福的笑容。

其次，以良好的工作环境满足员工的安全需求，提高员工的幸福感。良好的工作环境可提高员工的工作热情和生活情趣，所以企业应该大力改善员工工作环境，改善办公条件。良好的工作环境一直是湖南豪爵非常值得骄傲的一个地方。拿最基层的仓库管理来说，区别于很多尘土飞扬的仓储作业环境，我们的仓库基本达到了无尘仓库的级别，配件管理员更是穿着鞋套在库房里工作。干净、明亮、整洁的办公环境，让前来考察的政府部门和企业单位参观者都赞不绝口。公司的劳动保护措施也非常齐备，能够保障所有员工都能在一个安全、整洁、有序的环境下开心工作、快乐赚钱。

再次，以诚挚的情感关怀满足员工爱与被爱的需求，提高员工的幸福感。企业管理者都必须重视情感关怀，这种管理层次已经上升到了员工的精神层面。在湖南豪爵，员工结婚、家属去世等，我都会亲自看望、慰问，如因特殊原因不能参加，也会委派公司高层作为代表参加，这些都能让员工感受到企业的关怀。有个案例是这样的：公司的一个业务员直到结婚前一天才从外地出差回来，原因无他，就是因为公司把结婚的酒店、宴

席、接亲车辆、婚庆礼仪等都帮他准备好了。大家笑称：他只需要回来入洞房就行了。再者，员工如果有生病、住院的情况，家人不在身边的，公司都会安排专人陪护。对考核期满的员工，湖南豪爵都能提供购房贷款，帮助员工买房。我相信，员工只有"安居"才能"乐业"。

再以奖励出国旅游为例，湖南豪爵每年都会通过组织经销商对公司各部门、个人进行民主评优，评选出优秀部门与优秀个人。获奖员工除享受加薪、提职的物质奖励外，同时还能获得出国旅游的机会。获奖人数的比例占到了全体员工的10%~20%。在湖南豪爵，哪怕是最基层的普通叉车工人，只要努力工作，除了享受高于行业平均的工资待遇外，也能获得出国旅游的机会。这种满足尊重需求的人性激励形成了拉动力，不仅使公司杜绝了"领导在，员工就好好干；领导不在，员工就随随便便"的现象，也提升了员工的自豪感与幸福感。我想，这也许就是许多员工都不愿轻易离职的原因，因为湖南豪爵确实是个有人情味儿的公司。

以上事情，一般的企业也许也都做到，但实际效果就取决于深入程度了。当然，情感关怀并不意味着可以放松对员工的要求，只有以纪律作保障，以快乐作宗旨，加上"宽严结合、刚柔相济、恩威并用"的中庸管理哲学作前提才行。

最后，以正确的事业观念帮助员工得到成长，乃至助其自我实现，提高员工的幸福感。根据马斯洛的需求层次理论，个人人格获得充分发展的理想境界是自我实现。自我实现就是人性本质的终极目的，也代表个人潜力得到了充分发展。所以，企业应针对不同岗位和不同的员工需求，设立科学、合理的员工发展路径和职业规划，并与企业的发展目标紧密结合，让员工清晰地看到自己的价值，并认识到自己在团队中的重要作用。

三、帮助员工成长，促进员工的自我实现

除了利用企业文化向所有员工传递核心价值观外，在实际管理过程中，湖南豪爵也致力于帮助员工成长，促进员工的自我实现。为此，我们一直在做3个方面的工作。

第一，实行轮岗换位，合理调配人力资源，让合适的人做合适的事、

做喜欢的事，做到人尽其能、人尽其责。"流水不腐，户枢不蠹"，流动能激发员工的创造力，也能让公司发现、培养和储备一批一专多能的人才，缩短人才的成长期。同时，这也能让员工在实践中成长，获得锻炼、提升的机会，从而为今后的职业发展开拓广阔的道路，增加自我提升的机会。实际上，这对那些希望多方面锻炼自己的员工来说也是一种隐性的福利待遇。

第二，构建科学的评价和激励机制，为员工自我实现注入动力。在这方面，公司的薪酬激励制度遵循待遇能升能降、干部能上能下、员工能进能出的原则，实现"用心者加薪，辛苦者不苦，实干者实惠，多劳者多得"的最终目标。在工作激励中，以正激励为主，遵循公开表扬、私下诫勉的原则，通过个人评优、部门评优、技能竞赛等手段，创造多层次的个人展示平台。

第三，提供学习机会和自我成长的舞台，为员工的自我实现创造条件。有的员工在为企业创造价值的同时，不仅需要获得物质的回报，更需要不断成长，以期告别打工、成为老板。在这一点上，湖南豪爵一直予以支持。公司对于自身成功的经营理念与方法毫无保留，且大胆培养年轻人，给年轻人成长的舞台和机会。另外，公司始终把企业发展建立在人才培养的基础上，每年都组织多次内部的教育培训，加强员工的学习，不断提升员工的综合竞争力，为员工的自我实现创造必要的条件。

说到底，当一个困了、累了、饿了的孩子没有满足最基本的生理需求时，大人们期盼孩子们能够好好学习是不合理的；当孩子情感上受到了伤害，没有感受到爱和关怀，或在被胁迫、强制的情况下学习，也是没有效率的。同样，企业对于员工的管理也是如此。员工的幸福应该是企业的目标，只有企业转变观念，读懂并用好马斯洛的需求层次理论，坚持以人为本，尊重人、关心人，满足员工的多层次需要，让所有员工在企业里找到"家"的味道，真正营造出幸福企业的氛围，尤其是能够帮助员工自我实现才能让企业得到持续、健康、稳定的发展。

唐杨松
2016年4月21日